I'll give you my all

Akemi Darenogare
Beauty & Fashion
Style Book

PROLOGUE
プロローグ

　この本は、たくさんの女性にキレイになってHAPPYな時間を過ごしてもらいたい！と思い、作りました。
　かつて、病気で女性にとって大切な髪の毛が抜けてしまう、という体験をしたことがあります。その病気が治り、高校に進学してから、キレイになるため！と思って始めたダイエットが、どんどん違う道に逸れていってしまいました。
　最初は3kg痩せたらそこで終わり！と決めていました。でも、目標の3kg痩せが実現した途端、たくさんの人たちから「痩せたね！可愛い！」と言われ、それが嬉しくて、もっと痩せよう。痩せたらもっとほめられる！と、ダイエットの落とし穴にいつしかハマってしまったのです。
　それからは、ご飯を食べるのも、飲み物を飲むのも怖くなりました。そして気づいた時、私は病院のベッドにいたのです。
　腕には点滴が刺さっていて、パニクった私は点滴を無理やり外して病院を抜け出そうとしました。

私を引き止めた医者から「自分の顔を見てごらん」と鏡を手渡され、言われた通りにした私は、そこで大きな衝撃を受けました。頬はこけ、目の下には真っ黒なクマ、肌は荒れて髪の毛まで薄くなっていたのです。

　正直、言葉を失いました。痩せれば女性らしくキレイになる！と思っていたのに…。鏡に映っていた私には、女性らしさなんて何ひとつ見つけることができなかったのです。

　色気も美しさも何もない。そこにあるのは、疲れ切っただけの自分の姿。この自分を見た瞬間から、私は変わりました。

　ご飯が美味しく食べられる幸せ。笑うことの幸せ。生きていることの幸せ。すべてを心の底から実感できるようになったのです。

　この本では、そんな私が5年間かけて生み出したダイエット法＆食事法をはじめ、ファッションのこだわりなど、プライベートをぜ〜んぶ見せます！　これを参考に、みんながHAPPYになってくれたら、私もとっても嬉しいです！

02	PROLOGUE
04	CONTENTS
06	MY SUPREME BODY

DIET & BEAUTY

18 PART.1 DIET
ダイエットに成功！その秘訣を教えます！ 67kg▶43kg

19	MY DIET HISTORY
22	LIFE STYLE BEFORE & AFTER
26	Darenogare's METHOD
28	10 DIET TIPS
30	DIET RECIPE
34	MY FAVORITE RESTAURANTS
36	EXERCISE
42	BODY CARE
43	MY FAVORITE SPOTS
44	BODY CARE ITEMS

46 PART.2 BEAUTY
経験を重ねて見えてきた 今の私をつくる美容法

47	RULES OF SKIN CARE
48	SKIN CARE ITEMS
50	MAKE-UP ITEMS
52	DAILY MAKE-UP
54	THE PATTERN FOR EYELINER
56	DREAM OF MAKE-UP Marilyn Monroe
58	Audrey Hepburn
60	DAILY MAKE-UP SNAPS!

| 62 | MANICURES |

64 PART.3 HAIR STYLE
無理しないヘアケア＆楽しいヘアチェンジライフ

66	HAIR CARE
67	HAIR CARE ITEMS
68	Darenogare's DAILY HAIR STYLE

FASHION

76 PART.4 COORDINATE
私服コーデのルール

| 97 | MY CLOSET ESSENTIALS |
| 102 | FAVORITE SHOPS |

PERSONALITY

104 PART.5 PRIVATE

105	FAMILY TALK
107	I LOVE Mari
108	MY LOVERY CAT "COCO"
110	MY INTERIOR
112	MY BEST FRIENDS
116	ダレノガレ明美って「実は…」
118	Q & A 100
120	Darenogare's MESSAGE
124	STAFF LIST
125	CREDIT
126	EPILOGUE
128	PROFILE

MY SUPREME BODY

chic, youthful, elegant, waistline will change

back I want to show, back you want to be seen, back line that shows who I am

legs with sex appeal, made by perfect muscle balance

skin with fine texture and volume like a marshmallow

I'm confident of my clavicle

sharp yet glossy, anywhere you look is the perfect dimension of hip,
It is my ideal form

Darenogare's
DIET & BEAUTY

驚異の24キロ減を果たしたダイエット・ヒストリーの全貌と、キレイをキープし続けている秘訣。ぜーんぶ見せちゃいます！

PART.1
DIET

ダイエットに成功！
その秘訣を教えます！

いろんなダイエットを試して、数々の挫折も経験しました。
そんな私がトータルで24kgの減量に成功。
2度とリバウンドしない！と決意して今のボディをキープしてます。

67kg ≫ 43kg

SIZE	
バスト	98cm
ウエスト	80cm
ヒップ	94cm
太もも	62cm

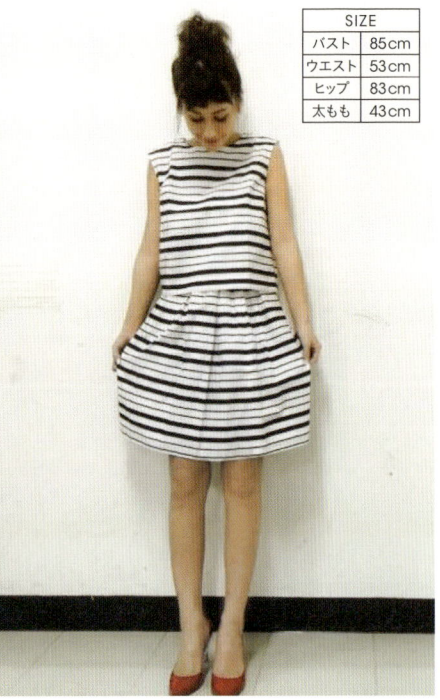

SIZE	
バスト	85cm
ウエスト	53cm
ヒップ	83cm
太もも	43cm

こんなに痩せた！     =24kg!

MY DIET HISTORY

私のダイエット人生

CHANGE OF THE WEIGHT

- **12歳** 中学校入学
  ソフトボール部入部
  158cm、**58kg**に

- **15歳** 中学3年生　夏
  部活が終わり**67kg**に！
  初のダイエット3日で断念
  別のダイエット1週間で断念
  食事を改善＋歩き通学を3ヶ月
  12kg減の**55kg**に！

  高校入学

- **16歳** 高校2年生
  芸能界を目指す
  きつめのダイエットを繰り返す
  47kg～50kg前後を行ったり来たり
  倒れて健康的なダイエットに変更
  47kgをキープ

- **17歳** 高校3年生
  バイトをがんばり**45kg**に
  突如ダイエットをやめ一気に**55kg**に！
  再びきついダイエット再開
  リバウンドを繰り返し**50kg**前後を
  行ったり来たり

- **18歳** 高校卒業
  就職

- **19歳** 仕事が忙しく自然に痩せる
  49kgをキープ

- **20歳** 料理教室に通う

- **21歳** JJモデルのためダイエットスタート
  1ヶ月で3kg減の**46kg**に
  グアム撮影　3日間で5kg増の**51kg**に
  事務所にダイエット宣言！
  2ヶ月で**43kg**に

- **22歳** 引きこもり生活でリバウンド
  一気に**56kg**に！

- **23歳** ダイエットとしっかり向き合う
  1年かけて13kg減の**43kg**に！

- **24歳** 現在もキープ中

実は昔、超太ってました！

ツイッターや雑誌でもおデブ写真を公開していますが、MAXの体重は67kg！　正真正銘のおデブちゃんでした。その始まりは中学時代です。

ソフトボール部に入部して生活が一変。毎日みっちり練習していたこともあり、食事を1日に6～7食摂っていました。回数も多いけど、食べる量と内容もスゴかった。まず朝食でご飯と味噌汁、ウインナーの他に、残り物のおかずをガッツリ食べ、朝練の後におにぎりを3個か菓子パンを2～3個。お昼前にお腹が空いて、さらにおにぎりを1個ペロリ。昼食は、6個入りの手巻き寿司と菓子パン、サンドウィッチ。それから放課後に練習をして、帰りにパン屋さんに寄って菓子パンを2～3個買い食い。夕食には揚げ物をガッツリ食べ、寝る前にドラマを観ながらポテチやチョコをモグモグ。これを毎日繰り返していたので、1食食べられなかっただけで「痩せたかも」と錯覚するほどでした。

なおかつキャッチャーだったから、「ガッチリ体型にならないと」と思っていたこともよくなかったですね。周りから「太ってるよ」と言われても、自覚がまったくない私は「太ってないよ！」なんて、平然と言い返していました。こんな調子で、中3になる頃には9kgも太って67kgに！　男子からは「お前スカートはくなよ」とか「すっげぇ食うな～」と言われ続け、女の子扱いなんて一切されませんでした。私も部活以外に興味がなかったし、おしゃれなんかより食べ物の方が大好きだった。今思えば悲し過ぎますね。

ダイエットのきっかけは……

中3の夏になって部活が終わり、友達と遊ぶ機会が増えていくと、女の子らしいことにも興味が出てきました。そんなある日、「ミニスカートをはいて原宿に行こう♪」と思い立ち、ウキウキと支度をしながら鏡を見てみると……。太ももの裏に見つけちゃったのです。気持ち悪いセルライトを！「何これー、ミニスカートはけないじゃん！」と、この時初めて「私って太ってるんだ！」とおデブを自覚。一念発起して、初めてのダイエットに挑戦しました。

とはいえ、この頃はダイエットの知識なんてまったくなく、とりあえず野菜を食べていれば痩せると思っていました。だから、食事を3食にして夕食をサラダのみにしてみたけど、単調なサラダに飽きてたった3日で挫折。次に「食事制限がダメなら、走ればいいんじゃない？」と1週間走ってみたら、すぐに筋肉がついて前より足が太くなりました。これではダメッと路線を変更し、全体的に食べる量を減らし、野菜中心の食生活に。プラス、通学の行き帰りに1時間ずつ歩いていたら、3ヶ月で12kgの減量に成功！ そのまま体重をキープして高校生になると、人生初のモテ期がやってきました。今までとは180度世界が変わって、「痩せると楽しいことがいっぱいある♪」と思うようになり、いろんなダイエットを試しました。

だから今の私がある

「痩せると人生が変わる」。それは本当です。私の人生の転機も、痩せるたびに訪れました。イチバン大きかったのが、モデルデビューです。21歳の時にJJモデルの話をいただいて、「絶対に決めてやる！」と、ダイエットを再開しました。この頃体重は49kg。食事制限に半身浴とウォーキングを加えて、健康的に痩せられるように努力しました。当時住んでいた巣鴨から事務所のある六本木まで3時間。とにかくよく歩きましたね。その結果、1ヶ月で3kgの減量に成功し、みごとに合格！ 翌月には撮影でグアムへ、とトントン拍子でした。でも、JJデビューと初の海外ロケに浮かれて食べまくり、3日間で何と5kgも増量。1日目と3日目で体型が変わってしまう事態に。しかも水着撮影だったからスタッフにもバレバレで、当然のことだけど次の撮影には呼ばれませんでした。モデルとしての自覚ゼロ。せっかくのチャンスを生かせなくて情けなかった。苦い思い出です。

「絶対痩せるから！」と、事務所にダイエット宣言をして、43kgまで落としたものの、リバウンドして再び56kgに。幸運にも顔が小さいおかげで、洋服でごまかしながら仕事をしていたけど、TVのウエディングドレスを着る企画で、またまた非常事態。太っているせいでドレスのファスナーが閉められなかったんです。3人掛かりで何とか着せてもらいましたが、見た目にもパツンパツン。共演した芸人さんからは「本当にモデルなの？」「後ろ姿が男じゃん」といじられました。この一件で、「絶対キレイになってやる！」と決心し、本格的にダイエットを始めました。今回は今までの経験を生かして、時間をかけてゆっくりと。2度とリバウンドしないように、食事制限も運動もすべて習慣化できるものを行いました。こうして、1年をかけて13kgの減量に成功。すると今度はTVのお仕事が増え始め、雑誌でも単独企画をいただけるようになりました。何より、「キレイになったね」「大人っぽくなったね」と言われることが増えて、すごく嬉しい。今は本当に幸せです！

LIFE STYLE
BEFORE & AFTER

まずは生活習慣を見直して！

BEFORE
太っていた頃の私

"笑顔なし"
いつも口角が下がっていて不機嫌と思われていた。

"自信がない"
何をやってもダメな感じでかなり根暗だった。

"ファッションに興味なし"
雑誌も見ないし洋服屋さんにも行かなかった。

"基本的に水着は着ない"
いやいや無理っしょ。見せられない！

"ねこ背"
人に見られたくないから自然に前のめりに。

"メイクはしない"
外に出ないから、する必要もなかった。

"自宅ではジャージ"
とにかくラクチンなのがイチバンと思っていた！

"ヒザを曲げて歩く"
靴をズルズル。おデブの象徴的な歩き方。

"下着はスポーツブラにデカパン"
興味なかったからね。恥ずかしいけど事実です！

"ペタンコシューズが定番"
疲れるから、ヒールなんて履かなかった。

"定番はオーバーオールや大きめニット、マキシワンピ"
とにかく体型を隠したいし、コーデも面倒だった。

おデブ時代のあるある習慣

Let's check the list

☑ Meal ☑ Exercise
☑ Bath Time ☑ Others

» **食事**
- ☐ 朝食は2回食べる
- ☐ 昼食は炭水化物×炭水化物
- ☐ 夕食前におやつをペロリ
- ☐ 夕食はご飯と揚げ物をガッツリ
- ☐ 寝る前にスナック菓子＋コーラ
- ☐ 板チョコを1日7枚
- ☐ 冷たいドリンクしか飲まない
- ☐ お酒はサワーやカクテルなど甘い系
- ☐ コンビニ、ファストフードが大好き

» **運動**
- ☐ 歩くのが面倒
- ☐ 近くてもタクシー移動
- ☐ 階段は絶対使わない
- ☐ 坂のない道を選ぶ

- ☐ ストレッチすらしない
- ☐ エレベーターに乗る

» **バスタイム**
- ☐ シャワーでちゃちゃっと終了
- ☐ 体重は量らず大体
- ☐ 鏡は見ない

» **その他**
- ☐ どか食いしてストレス発散
- ☐ 基本的に外出しない
- ☐ 1日ソファでゴロゴロして過ごす
- ☐ 漫画、再放送ドラマが大好き
- ☐ 家事全般は親任せ
- ☐ ファッション雑誌に興味なし

チェックが10個以上でアウト〜！

おデブな休日

Booooo....

- 🕑 **14:00** 起床
  TVを観ながらおやつをつまみ
  ソファでゴロゴロ
  ドラマの再放送LOVE♡
- 🕒 **15:00** 昼食を食べてボ〜
  炭水化物がメイン
- 🕔 **17:00** とりあえず寝る
- 🕖 **19:00** 夕食をガッツリ
  揚げ物は必須！
- 🕗 **20:00** おやつを食べながら漫画を読む
  バスタイム
- 🕙 **22:00** 就寝

あ〜ヤダヤダ！太るのも当たり前!!

AFTER
スリムな現在の私

"姿勢はピ〜ンと美しく"
身体のラインがキレイに見えるように意識！

"スマイルがトレードマーク"
イチバンの変化。今は何をやっても楽しい。

"ナチュラル系メイク"
一時期濃かったけど、今はナチュラルが気分♪

"リゾートではビキニ！"
海には欠かせない！今はガンガン着てる。

"下着はセクシーなランジェリー❤"
ランジェリー大好き！いっぱい持ってる。

"身体のラインを出すファッション"
おしゃれ大好き！体型チェックにもなる。

"スカートはヒザ上10cm"
美脚&脚長に見せるためのマイルール。

"シューズはヒール7cm以上、15cm以下"
おしゃれはもちろんダイエットにも効果的だよ！

スリムな現在のあるある習慣

—— Let's check the list ——

☑ Meal　☑ Exercise
☑ Bath Time　☑ Others

» 食事
- ☐ 自炊が基本
- ☐ 朝食は和食やヨーグルトなどヘルシーに
- ☐ 昼食は焼き魚とご飯など油物を控える
- ☐ 夕食は週一で野菜たっぷりの鍋物を
- ☐ おやつはキャンディやおせんべいを少々
- ☐ お酒はワインを1杯
- ☐ 油はオリーブオイルとごま油
- ☐ 炭水化物と甘い物は夜食べない
- ☐ ドリンクは温かい物を

» 運動
- ☐ できるだけ姿勢良く歩く
- ☐ エスカレーターではなく階段を使う
- ☐ ストレッチは毎日行う
- ☐ ながら運動が自然にできる
- ☐ ジムなどで集中トレーニング

- ☐ 2駅分は普通に歩く

» バスタイム
- ☐ 半身浴を20分以上
- ☐ 入浴しながらリンパマッサージ
- ☐ 本を読んだりツイッターをして過ごす
- ☐ 素敵な香りの入浴剤でリラックス
- ☐ 3日に1度、体重をチェック
- ☐ 全身鏡で身体のラインをチェック

» その他
- ☐ 休日も積極的に外出する
- ☐ 友人と会ってストレス発散
- ☐ 流行に敏感
- ☐ ファッション雑誌を細かくチェック
- ☐ 夜更かしをしない
- ☐ インテリアにもこだわる
- ☐ 意外と体力を使うのでマメに掃除する

> チェックが15個以上ならひとまず安心

スリムな休日

1 Oooooo....

10:00 起床
朝食　ビューティドリンクや和食
愛猫COCOと遊ぶ

11:30 ヘアサロン、ネイルサロンへ

15:00 渋谷DSクリニックで高周波治療!!
ゴリゴリほぐしてもらう

17:00 ジムで汗を流す
あえて遠いジムを選んで30分歩き、
ジムでは500m〜2km泳いで、
また30分歩いて帰宅

19:00 友人と食事へ
焼き肉なら赤身。肉を食
べる前にサラダ、スープを食べる
夜の炭水化物は控えて！

22:00 バスタイム
最低20〜30分は湯船に浸かり、
リンパマッサージを行う
風呂上がりにもボディクリームを
塗ってマッサージ
ストレッチも欠かさない！

24:00 就寝

> 休日もアクティブに！

Darenogare's METHOD

ダイエットで伝えたいコト

マジメに宣言します！
食べないダイエットはNG！ イチバン大切なのは
キレイに痩せる食事法です！

食べることが怖くなる。そんな辛いダイエットを経験しました。
だからこそ、今は人一倍食事に気を遣っています。
食べながら健康的に痩せる！ それが私のダイエットメソッド。

食べないダイエットは本当に危険！

ダイエット中にぶつかる大きな壁が食事制限です。私も過去に何度も経験し、挫折を繰り返しました。極度の食事制限を集中的に行うと、その後の爆発が大きくて、どんどんハードなダイエットに。そして、辛いのにやめられないダイエット地獄にハマってしまいます。

極論を言えば、食べなければ痩せます。高校生の頃ですが、私もそんなダイエットをしていました。きっかけは、友達が発した「イチバン痩せられるのって食事を抜くことだよね」というひと言。「痩せたい！」と思っていた私は、「そっかぁ、抜けば痩せるんだ」と軽い気持ちで、何も食べない食事抜きダイエットを試してみました。これが地獄の始まり。当然ですが、3日目に学校でぶっ倒れ、病院に搬送されました。先生に「食べてないでしょ」と言われて点滴を打たれましたが、「コレ何カロリーですか？ 外してください！」と逆ギレ。自宅に戻れたけど、「点滴の分を消費しなきゃ！」と、また食事を摂らずに暮らし、同じように倒れて……。

さすがにヤバイと思ったので、水とおにぎり1個、ほうれん草のお浸しを、朝か昼に食べるだけという、1日200キロカロリーダイエットに切り替えました。バイトで身体を動かしていたこともあり、1ヶ月で何と12kg減、55kgから47kgに。でも、授業中はボーッとしてるし、体力がなくてすぐに疲れる。顔色もすっごく悪くて、学校では保健室の常連になっていました。結局、見かねた母に病院へ連れて行かれ、また点滴。完全におかしくなっていた私は、「やめてー！」と暴れ出し、自分で点滴を外して病院を抜け出してしまいました。先生には、「拒食症の一歩手前です。大変なことになりますよ」と叱られ、それを聞いていた母には泣かれてしまい、そこで初めて「間違っていた」と気づくことができたんです。

さらに、恐怖のリバウンドが待っている

　食事抜きダイエットの恐ろしさは、「食べれば太る」という恐怖に、がんじがらめになってしまうこと。普通の食生活に戻したいと思っても、固形物を口にするのが怖くて、すぐには無理。リハビリみたいに、ちょっとずつ食べる量を増やし、食事に慣れていくしかないんです。

　食べないダイエットは続かないし、身体に大きなダメージを与えます。そして、その後に待っているのがリバウンド。これがまた厄介です。食事の摂取量を限りなく減らすことで、短期間で大幅に減量はできるけど、身体はスポンジのように太りやすい体質になっています。そこに食べ物を入れれば、栄養が一気に吸収されて、体重もあっという間に元通り。いやいや、それ以上になることも。私自身、ドリンクダイエットやゼリーダイエットなど、いろいろ試してみましたが、1週間も続かないうえ、その後に必ずどか食い。「ダイエットや～めた」という瞬間から1日5～6食になり、一気に10kg増えた時は、戻すのが本当に大変でした。

自分の身体を痛めつけるスパイラル

　痩せたことで、周囲の人が「可愛い～」と言ってくれるのが嬉しかったし、チヤホヤされて超モテたのも事実。だから、"もっともっと"とダイエットにのめり込み、やめられなくなっていきました。でも、単純に体重だけ減らした結果、げっそりやつれて青白く、見た目はひどいものでした。イライラしていて常に不機嫌だったし、1ヶ月で12kg痩せた時にはモテるどころか、私に近づいてくるような人はいなかったですね。TVで「1週間食べないで○kg落とした」という役者さんやモデルさんを見かけるけど、それはプロの人が仕事のために行うダイエット。一般の子が行うと拒食症になってしまうから、みんなは絶対にマネしちゃダメ！

　特に女の子の身体は繊細だから無理は禁物です。ホルモンのバランスが崩れて、生理が止まったり不正出血したり、妊娠＆出産にも影響するので要注意。私の場合は、乾燥肌や冷え性、むくみが、ダイエットの小さな後遺症みたいに残ってしまい、本当に後悔しています。

正しい食事制限で女性らしい身体に！

　女性らしい魅力的なボディになるためには、単純に体重を減らすだけではダメ。身体をつくっているのは食べ物だから、質のいい物をバランスよく摂って、健康的にキレイに痩せることが大切なんです。だから、今は食べることが大好き。もちろん、スタイルがキープできるように、食べ物やダイエットに関する知識を身につけたうえで、継続的に行える食事制限をしています。例えば、太る原因は糖質なので、果物を食べるなら朝食に。主食などの炭水化物も夜は控えて代わりに野菜をたっぷり食べます。その野菜は身体を冷やさないように、鍋や温野菜に。お肉も糖質と一緒に摂らなければOKだから、脂を除いて食べています。こんなふうに、調理法や食べ合わせも重要なので自炊が中心ですが、自分でコントロールできるから、ストレスなく続けられますよ。

　食の大切さを見直してダイエットのスパイラルから抜け出し、1年かけて13kgの減量に成功。心も身体もヘルシーなのがイチバンです！

10 DIET TIPS

ダイエットに役立つ10のツール

辛いダイエットは続かないから長期戦で。
毎日の生活の中に自然に取り入れればストレスフリー。
そんな、ダイエットにおすすめのツールをご紹介します！

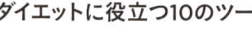

No.1
自炊

外食だと食べ過ぎちゃうから、特にダイエット中は自炊中心で。スーパーに行って食材を見ながらメニューを考えることで、栄養やカロリーを意識できてバランスのいい献立に。炭水化物を減らして野菜をたっぷりとか、体調に合わせて調整してます。

No.3
半身浴

Happy Bath Time

音楽を聴いたり雑誌を読んだり、ブログを書いたり……。ながら半身浴を毎日約20分。身体を温めて疲れを解きほぐし、マッサージで気になるむくみを解消してるよ。

No.2
憧れの人を待ち受けに

Angelababy

Photo by Chris Ashford/Camera Press/AFLO

ボディチェックはマメにしているけど、まだまだだなぁと思う時は、海外のモデルさんの写真を待ち受けにして、美意識を高めます。特に撮影が近くなると写真を眺めながら、「こうなるんだよ！」って自分に言い聞かせて、モチベーションを上げます。

No.4
運動

Fighting Sports!

もともと身体を動かすのが大好き♪ 時間を見つけては、ジムやヨガに行ってるし、自宅ではストレッチやエクササイズをやってます。続けることが大事だから、自分に合うものを楽しくできる範囲で行うようにしているよ。

No.5 鍋料理

自宅でよく作るのが鍋料理(P33参照)。友人と女子会をする時も鍋パーティが多いです。野菜がたっぷり摂れてお腹もいっぱいになるし、身体が温まって代謝もUP！といいことづくし。イチバンのお気に入りはキムチ鍋だよ。

No.6 ホットドリンク

もともと冷え性でむくみやすいから、身体を冷やさないように飲み物は基本的にホットで。お気に入りは甘さ控えめのロイヤルミルクティーや漢方茶。アイスは代謝を下げるから太るよ〜。

Hot Drink

No.7 ビューティドリンク

フルーツを使った手作りドリンク(P31参照)を週に2〜3日飲んでます。ビタミンを補給して身体の中からキレイに。ただし、フルーツは糖分が多いから朝摂るのがお約束！

Beauty Drink

No.8 2サイズ下の服を買う

目標より2サイズ小さい服、それもお値段高めのものを買って、目に入りやすい場所に置いたり、定期的に試着すると効果的。体型の変化がわかるデニムがおすすめだよ。

How exciting!

No.9 周りの声

久しぶりに会った人に「痩せたね〜」って言われると嬉しいし、逆に「太った？」って言われれば「がんばらなきゃっ！」って思う。リアルな声ってすごく大事。

No.10 マッサージ

Relax Time

お風呂上がりはもちろん仕事の合間などにも、気がついた時にマメにやってます。半身浴で身体が温まった後は、毎日欠かさずちょっと強めにもみもみ。メイク中や移動中も、腕や脚の血流を流すようにさすって、むくみ対策してます。

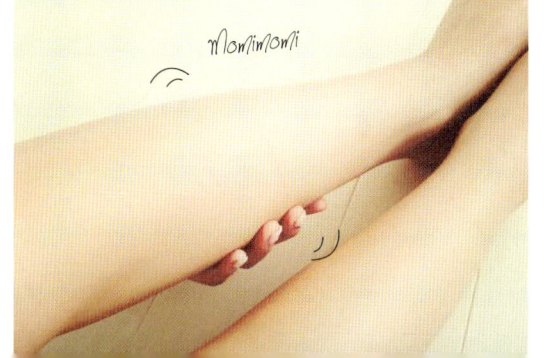

momimomi

LESSON 1
DIET RECIPE

ダイエットを成功させるカギは食事制限。
美味しく食べられて、無理なく続けられることが大切です。
ここでは、私が普段作っている激ウマの美容レシピをご紹介します。

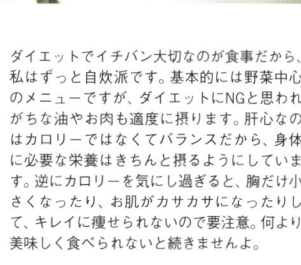

ダイエットでイチバン大切なのが食事だから、私はずっと自炊派です。基本的には野菜中心のメニューですが、ダイエットにNGと思われがちな油やお肉も適度に摂ります。肝心なのはカロリーではなくてバランスだから、身体に必要な栄養はきちんと摂るようにしています。逆にカロリーを気にし過ぎると、胸だけ小さくなったり、お肌がカサカサになったりして、キレイに痩せられないので要注意。何より美味しく食べられないと続きませんよ。

DIET RECIPE BEAUTY DRINK

フルーツを使った2タイプのビューティドリンク。
デトックスウォーターは、酵素が摂れて身体の中がキレイになるよ♪

グレープフルーツウォーター

材料 1人分 グレープフルーツ…1個 水、氷…各適量 はちみつ…お好みで

トッピング イチゴ、ライム、ミント…各適量

作り方
1. グレープフルーツは半分に切って果汁を搾る。
2. グラスに1の果汁と水、氷、はちみつを入れてかき混ぜ、トッピングをのせる。

オレンジウォーター

材料 1人分 オレンジ…1個 水、氷…各適量 はちみつ…お好みで

トッピング オレンジの搾りカス、ブルーベリー、ライム、ミント、イチゴ…各適量

作り方
1. オレンジは半分に切って果汁を搾る。
2. グラスに1の果汁と水、氷、はちみつを入れてかき混ぜ、トッピングをのせる。

ベリーのデトックスウォーター

材料 1人分×2〜3回分 イチゴ…8〜10個 ブルーベリー…6粒 キウイ…1個 ミント…少々 水、または炭酸水…200〜300ml

作り方
1. イチゴはヘタを取って薄くスライスする。キウイは皮をむき、薄く輪切りにする。
2. すべての材料を保存瓶に入れ、冷蔵庫で24時間以上漬け込む。飲む際はフルーツを残してグラスに注ぎ、そのまま飲む。好みではちみつやオリゴ糖を入れてもOK。

※残ったフルーツは同様に2〜3回使用可能。

柑橘のデトックスウォーター

材料 1人分×2〜3回分 オレンジ…1個 グレープフルーツ…1個 ライム…少々 キウイ…1個 水、または炭酸水…200〜300ml

作り方
1. オレンジとグレープフルーツ、ライムはよく洗い、皮付きのまま1cm幅くらいにスライスする。キウイは皮をむき、薄く輪切りにする。
2. すべての材料を保存瓶に入れ、冷蔵庫で24時間以上漬け込む。飲む際はフルーツを残してグラスに注ぎ、そのまま飲む。好みではちみつやオリゴ糖を入れてもOK。

※残ったフルーツは同様に2〜3回使用可能。

ミックスデトックスウォーター

材料 1人分×2〜3回分 オレンジ…大1個 ライム…少々 イチゴ…8個 キウイ…1個 ブルーベリー…10〜15粒 水、または炭酸水…200〜300ml

作り方
1. オレンジとライムはよく洗い、皮付きのまま1cm幅くらいにスライスする。イチゴはヘタを取って薄くスライスし、キウイは皮をむいて薄く輪切りにする。
2. すべての材料を保存瓶に入れ、冷蔵庫で24時間以上漬け込む。飲む際はフルーツを残してグラスに注ぎ、そのまま飲む。好みではちみつやオリゴ糖を入れてもOK。

※残ったフルーツは同様に2〜3回使用可能。

DIET RECIPE SALAD

たっぷりの野菜に、お肉とお魚を加えたボリュームサラダ。
タンパク質が一緒に摂れるからランチやディナーにもおすすめだよ。

野菜と豚肉の温サラダ

[材料] 4人分　レタス…4枚　赤パプリカ…1/2個　豚ロース肉(薄切り)…100〜150g　もやし…1袋　酒…少々　ポン酢…お好みで

[作り方]
1. レタスは食べやすい大きさに手でちぎる。赤パプリカは薄くスライスする。豚肉は半分の長さに切る。

2. 鍋にレタス、もやし、赤パプリカ、豚肉の順に2回重ね、酒を回しかける。蓋をして中火にかけ、豚肉に火が通るまで蒸す。器に盛りつけてポン酢をつけていただく。

コブサラダ

[材料] 4人分　紫玉ねぎ…1/2個　ブラックオリーブ…適量　プチトマト…6個　アボカド…1/2個　キュウリ…1/2〜1本　ローストビーフ…適量　好みのドレッシング(さっぱり系)…適量

[作り方]
1. 紫玉ねぎは薄くスライスし、水にさらして水気を切る。ブラックオリーブは薄い輪切りに、プチトマトはヘタを取って半分に切る。アボカドとキュウリは小さめの角切りにする。ローストビーフは食べやすい大きさに切る。

2. 1の材料を器に盛りつけ、好みのドレッシングをかけていただく。

サーモンのカルパッチョ

[材料] 4人分　サーモン(刺身用)…8枚　紫玉ねぎ…40〜50g　キュウリ…1/2本　プチトマト…4個
[ドレッシング] 粒マスタード…小さじ2　酢…小さじ4　塩、黒こしょう…各少々　オリーブオイル…小さじ3〜4

[作り方]
1. 紫玉ねぎは薄くスライスし、水にさらして水気を切る。キュウリは千切りにし、プチトマトはヘタを取って半分に切る。

2. ドレッシングの材料を混ぜておく。

3. 器にサーモンを敷き、その上に1の材料をこんもりとのせ、ドレッシングをかける。

DIET RECIPE NABE

私のディナーの定番は、野菜がたくさん食べられる鍋料理。
身体がポカポカ温まって代謝もUP！ 便秘改善にもお役立ち！

ヘルシー寄せ鍋

材料 4人分 椎茸…中4個 ごぼう…1本 長ねぎ…1本 キャベツ…1/4個 水菜…1束 レタス…1/2個 豆腐…1丁 タラ(切り身)…4切れ 寄せ鍋のつゆの素(市販)…1袋 柚子こしょう…お好みで

作り方
1. 椎茸は石突きを落として4等分に切る。ごぼうはささがきにして水にさらす。長ねぎは斜め切りに、キャベツはざく切りに、水菜は3等分の長さに切る。レタスは食べやすい大きさに手でちぎる。豆腐は一口大の角切りにする。

2. 寄せ鍋のつゆの素を鍋に入れて火にかけ、タラ、ごぼう、椎茸、豆腐を入れてひと煮立ちさせる。

3. 2に長ねぎとキャベツを入れて火を通したら、レタスを加え最後に水菜を加えてできあがり。好みで柚子こしょうを入れていただく。

キムチ鍋

材料 1人分 キムチ…300g 豆腐…1/2丁 水…300ml アサリ(砂抜きしたもの)…60～70g えのき茸…1/8パック 椎茸…1個 長ねぎ(小口切り)…少々 塩…小さじ1 卵…1個

A 豚肉…20～30g 醤油…小さじ1 砂糖…少々

B ごま油…大さじ2 粉唐辛子(粗め)…大さじ2 粉唐辛子(細かめ)…大さじ1 ニンニク(すりおろし)…1片分 粉かつおぶし…小さじ1

作り方
1. Aは豚肉に調味料を混ぜ、1時間ほど漬けておく。Bの材料は混ぜ合わせておく。豆腐は一口大の角切りに、えのき茸は石突きを落とす。椎茸は軸をとって食べやすい大きさに切る。

2. 鍋にごま油(分量外)を熱し、Aとキムチを入れてよく炒め、焼き色がついたら水を入れてひと煮立ちさせる。

3. 2がフツフツと煮えてきたら、アサリと1の豆腐と野菜類、Bを加え、塩で味をととのえる。

4. 3が煮えたら長ねぎと卵を加え、火が通ったらできあがり。

MY FAVORITE RESTAURANTS

キレイを磨けるお気に入りレストラン

RESTAURANT 01
米沢牛料理店
雅山GARDEN

肉好きにはたまらないお店で、肉気分の日に◎。
すき焼きが特においしくてお気に入り♥

DATA ⓐ東京都港区麻布台3-5-5 飯倉ヒルズ2F ☎03-5570-2929 ㊂11:30〜14:00、17:30〜23:30(LO23:00) 土祝17:00〜23:00(LO22:00) ㊡日
http://gazan.jp/

RESTAURANT 02
ALOHA TABLE
Daikanyama Forest

打ち合わせなどで普段使いするカフェ。
アサイー・ソイミルク・スムージーが好き♥

DATA ⓐ東京都渋谷区猿楽町17-10 代官山アートビレッジ1F ☎03-5456-7033 ㊂11:30〜23:30(LO22:30) ㊡無休
http://daikanyama.alohatable.com/

RESTAURANT 03
西麻布イマドキ

夜遅くまでやっているし、
個室なのがいい♥
温野菜のバーニャカウダが美味しい♥

DATA ⓐ東京都港区西麻布2-25-19 バルビゾン28 1F ☎03-5466-3899 ㊂18:00〜翌3:00 金土祝前日:18:00〜翌5:00 ㊡無休 http://imadoki.jp/

RESTAURANT 04
かねいし 麻布十番

できたての鉄板メニューが味わえるの。
肉メニューやねぎ焼きは、
必ず頼むんだ♥

DATA ⓐ東京都港区東麻布2-35-1 KCビル1F ☎03-3585-7782 ㊂18:00〜翌2:00 土18:00〜23:00 ㊡日祝

RESTAURANT 05
筑紫樓 銀座店

ふかひれの姿煮が
とにかく美味しくてヤバイ！
リッチなので特別な日に行くの♥

DATA ⓐ東京都中央区銀座7-10-1 STRATA GINZA B1 ☎03-3569-2946 ㊂11:30〜22:00 ㊡年末年始 http://wp.tsukushiro.co.jp/ginza/

RESTAURANT 06
Mancy's Tokyo

カラオケしたい時に♥
ロイヤルミルクティーは
いつもミルクたっぷりで嬉しい♥

DATA ⓐ東京都港区麻布十番1-3-9 TBC麻布 ☎03-5574-7007 ㊂11:30〜翌5:00 ㊡無休 http://www.trhd.jp/mancys/tokyo.html

RESTAURANT 07
御曹司 松六家

最近大好きになったお店❤
鶏の水炊き鍋と鶏のつくね団子は、
絶対に欠かせない！

DATA 〒東京都港区六本木4-10-2 荒川ビル1F ☎
03-3796-3369 営11:30～14:00(LO13:30)、17:00～
23:00(LO22:30) 休日
http://www.tokyo-rf.com/restaurants/r04/

RESTAURANT 08
BALLOWER TERRACE

友人の旦那さんのお店で
貸切もよくお願いしているの。
今度青山にできる店舗も楽しみ❤

DATA 〒東京都港区西麻布1-8-9 Barbizon40 1F ☎03-6804-5143 営
11:30～23:00 休無休 http://ballower-terrace.com/

こちらもお気に入り❤ 千駄ヶ谷
DATA 〒東京都渋谷区千駄ヶ谷1-20-3 Barbizon11 1F
☎03-6434-7688 Instagram:@ballowerterrace_
sendagaya FB:BallowerTerrace Sendagaya

RESTAURANT 09
京鼎樓
恵比寿HANARE店

小籠包はぜんぶ美味しくて大好き！
黒ゴマだんごは行くたびに
テイクアウトしています

DATA 〒東京都渋谷区恵比寿4-3-1 クイズ恵比
寿1F ☎03-5795-2213 営11:30～15:00、
17:30～24:00 日祝11:30～15:30、17:30
～23:00 休年末年始 http://jin-din-rou.net/

RESTAURANT 10
DRAGON 純豆腐
中目黒店

お気に入りはチーズスンドゥブ❤
値段もお手頃だし、
すぐに出てくるのがGOOD

DATA 〒東京都目黒区青葉台1-27-5 ☎03-
5724-6676 営11:30～15:00、17:00～23:00
休無 http://dragon-s.net/

RESTAURANT 11
李南河
代官山店

韓国料理を食べたい日はここで決まり！
チャプチェは絶対注文する鉄板メニュー

DATA 〒東京都渋谷区代官山町20-20 モンシェ
リー代官山B1 ☎03-5458-6300 営17:00～
翌1:00(LO24:00) 休不定休

RESTAURANT 12
CARINA
iL-CHIANTI

カジュアルなイタリアンなので行きやすい！
サラダドレッシングやワインが好き

DATA 〒東京都中央区銀座3-11-16 G-3 銀座
ビル1F ☎03-3547-7005 営11:30～15:
30(LO15:00)、17:30～23:00(LO22:30) 土
日祝11:30～23:00(LO22:00) 休年末年始
http://www.chianti.co.jp/

RESTAURANT 13
小尾羊 蒙古薬膳火鍋
しゃぶしゃぶ六本木店

鍋の味が3つ選べるのが嬉しい❤
安いし、コースもいろいろあるので楽しいです

DATA 〒東京都港区六本木7-13-2 アーバンビル
204 ☎03-5775-5799 営11:00～15:00、
17:00～23:50 土日祝17:00～23:40 休
無休 http://www.syabusyabu.net/

LESSON 2
EXERCISE

海外のモデルさんのようなセクシーボディに憧れるから
適度なスポーツを取り入れて、しなやかに引き締めます。
代謝もアップして痩せやすい身体になりますよ。

もともとスポーツが大好きだから、休日には必ずジムに行って汗を流します。キックボクシングやヨガの他にも、水泳やダンスなんかもやっていて、気分に合わせてチョイスするのが私流。もちろん、自宅ではストレッチを欠かさないし、気になる部分があるとセルフエクササイズも行います。歯磨きをしながらかかとを上げ下げするような、ながらエクササイズもおすすめです。トイレに行くような感覚で、習慣にできるものを選ぶと続けられますよ。

BRA TOP／adidas

EXERCISE **KICK BOXING**

最近ハマって、多い時で週3〜4回通ってました。めっちゃ楽しい！ ストレッチ、ボクササイズ、腹筋、ストレッチをしてみっちり50分。結構ハードだけど、ストレス発散に。ヒップアップや腕＆脚の引き締めにも効果的。

▶ DATA
バンゲリングベイジム 恵比寿
⊕東京都渋谷区恵比寿4-22-8グロリアスマンション3F ☎03-6905-6573
http://www.bungelingbay.com/

EXERCISE **YOGA**

20歳の頃にスタジオに通い始めてから続けてます。キックとは対照的で、呼吸を整えるからリラックスできます。キレイな汗が流れてスッキリするし、身体のラインがしなやかに。気になる部分を集中的に締められるよ。

▶ DATA
LizYoga
女性限定の出張ヨガです。
お問い合わせ・ご予約は下記アドレスまで。
happy_lizyoga@yahoo.co.jp

EXERCISE SELF TRAINING

ダイエット中じゃなくても、週に2〜3回は自宅でエクササイズ。その時の気になる部分を集中的に引き締めます。道具を使わないからとってもお手軽。ここでは、比較的簡単なものを紹介するので試してみてね。

" ヒップアップ&腹筋引き締め "

足をグイ〜ンと伸ばすだけで、ヒップと腹筋が同時に鍛えられるよ。

1 床に両ヒザと両手をつけて四つんばいになります。

PANTS／adidas

左右合わせて1日2〜3セット

2 片足を上げられるところまで上げてヒザを伸ばし、足首をクイッと伸ばして背中が反るように10秒キープ。慣れてきたら20秒にしてみて。

できるだけ高く！

10秒キープ

3 反対も同様に行って、左右合わせて1日2〜3セット行います。

"腕&腹筋引き締め"

腹筋をプルプルさせてキープすればお腹周りと二の腕がスッキリ！

1 床にあおむけに寝転がります。足を揃えてヒザをつけたまま直角に曲げ、腕を真っすぐ下ろして手の平を床につけます。

1日2〜3セット

2 手の平をつけたままヒザを上げ、胸元に引き寄せます。

> ヒザを胸元までグッと引き寄せて！

3 そのまま、ヒザを伸ばして脚を真っすぐ上げます。手の平は床につけたままです。

4 脚をキープしたまま腰をグイッと浮かせ、さらに足首を伸ばして10秒キープ。手の平をつけたまま、できるところまで伸ばします。慣れてきたら20〜30秒に。1日2〜3セット行います。

> 手を床につけたまま！

LEVEL UP
4から、さらに脚を真っすぐに起こして腰を垂直に上げ、さらに10秒キープ！

" 腹筋&ウエストラインシェイプ "

上体を反らせてひねることで、鍛えにくい腰裏もキレイなラインに！

左右10往復 1日2セット

しっかりひねる

1 足を肩幅より少し広めに開き、真っすぐ立ちます。

3 上体を反らしたまま、腕を大きく左右にひねります。最初は10往復から行い、慣れてきたら回数を増やして。1日2セット行います。

かかとはつけたまま

2 ヒジを上げて直角に曲げ、そのままゆっくりと上体を反らします。ヒザを曲げたり、上体を反らし過ぎると腰を痛めるので、様子を見ながら行って。

LEVEL UP

スムーズにできるようになったら、1〜3をかかとを上げてチャレンジ。腰周りだけでなく、太ももやふくらはぎにも負荷がかかり、同時にシェイプアップ。

" ウエスト&太ももシェイプ "

足を交互に上げて太ももを鍛え、ひねりを加えてウエストシェイプ。

左右10往復
1日2セット

1 両足を揃えて真っすぐ立ち、腰に手を当てます。

リズム良く

3 反対も2と同様に行い、リズム良く2と3を繰り返して10往復、1日2セット行います。

反動をつけて引き上げる

2 右足を斜め後ろに一歩分引き、腕は直角に曲げて左腕を後ろに引き、右腕を前に出します。そのまま右腕をグイッと後ろに引き、左腕につけるように右足を引き上げます。かかとはつけたまま行って。

LESSON 3
BODY CARE

美しいボディづくりは毎日の積み重ねが大切。
ボディチェックを兼ねてマッサージやお手入れをしていると
身体のちょっとした変化も見逃しません。

昔行ったダイエットの影響もあって、極度の冷え性に。むくみやすくて肌の乾燥もひどいから、毎日のボディケアは欠かせません。最も効果的なのがお風呂上がりのリンパマッサージ。老廃物を流すように行えば、むくみもスッキリ。集中的にケアしたい時は、サロンやクリニックに行ってプロにお任せします。特にダイエットで煮詰まりそうな時は気分転換になる他、ためになるアドバイスや新しい情報が聞けるので、すっごく役立ちます。

MY FAVORITE SPOTS

キレイを磨く愛用スポット

水泳はティップネス、ヨガはLAVAに通っているよ

SPOT 01
Caricaspa －カリカスパ－

自分磨きができるお助けスパ

デトックス効果の高い水晶岩浴コース、美脚形成、ヘッドスパ、フェイシャルなど、キレイを磨けるメニューが豊富❤

DATA アロマ、タイ古式マッサージ、水晶岩盤浴と幅広いメニューを提案する、リラクゼーションスパ。

㊟東京都渋谷区神宮前2-13-4 第2渡辺ビル1F ☎03-5413-3090 ⊕12:00～翌5:00 ㊡不定休 http://www.caricaspa.com

SPOT 02
渋谷DSクリニック

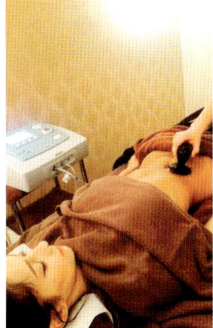

高周波治療で脂肪を燃焼！

いつも受けるのは脂肪燃焼に効果のある高周波治療。セルライトを改善し、下半身を中心に引き締めてもらうのが定番です。身体を引き締めるだけでなくて、しわやたるみにも効果があるのが嬉しいです❤

DATA 高周波治療、美容点滴などで内側も外側もキレイになり、魅せたい身体をつくれるダイエット専門院。

㊟東京都渋谷区渋谷3-11-2 パインビル1F ☎03-5464-7272 ⊕11:00～20:00 ㊡年末年始 http://www.dsclinic.jp

SPOT 03
表参道スキンクリニック

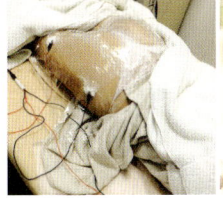

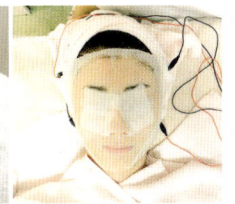

肌トラブルはここで解決！

ここには全身脱毛＆ピーリングで通っています。医療レーザー脱毛なので、しっかりとツルツル肌になれるんです❤

DATA 友利新医師が在籍する美容皮膚科。医療レーザー脱毛や痩身、ヒアルロン酸注入などを行える。

㊟東京都渋谷区神宮前5-9-13 喜多重ビル4F ☎0120-334-270 ⊕11:00～20:00 ㊡火、水 http://www.tk-honin.com

SPOT 04
ROI －ロイ－

いつもここで買ってるよ❤

サラツヤヘアにメンテナンス

髪全般とネイルは信頼しているこのサロンで❤ 自宅で使うヘアケアアイテムもここで購入しています。

DATA ヘア、メイク、ネイルと充実したサロンメニューが人気。サロンで販売しているケアグッズも好評。

㊟東京都港区南青山5-7-21 B1 ☎06-6434-1168 ⊕11:00～21:00 土日祝:10:00～19:00 ㊡水、第3火 http://roi-hair.com/

SPOT 05
エストネーション
六本木ヒルズ店

オーガニックなものも多く、何でも揃うからとっても便利！

DATA ㊟東京都港区六本木6-10-2 六本木ヒルズ ヒルサイドけやき坂コンプレックス1F・2F ☎03-5159-7800 ⊕11:00～21:00 ㊡不定休

SPOT 06
ダイヤモンドラッシュ
渋谷店

まつ毛エクステをするならここ！つけ放題メニューもあるの❤

DATA ㊟東京都渋谷区渋谷1-14-14 植村会館ビル9F ☎03-5774-8885 ⊕11:00～21:00 ㊡年末年始 https://www.diamond-lash.jp/

SPOT 07
バンゲリングベイジム
恵比寿

キックボクシングのスタジオ。すっきり汗をかけます！

DATA ㊟東京都渋谷区恵比寿4-22-8 グロリアスマンション3F ☎03-6905-6573 ⊕10:00～22:00 土日祝:10:00～18:00 ㊡無休 http://www.bungelingbay.com/

SPOT 08
ラブティック ゲラン

普段使っているコスメは店舗で購入！ママとよく一緒に行きます

DATA ㊟東京都千代田区内幸町1-1-1 帝国ホテル本館1F ☎03-3592-6694 ⊕10:00～19:00 ㊡無休

Darenogare's DIET & BEAUTY

BODY CARE ITEMS

Darenogare's FAVORITE BODY CARE ITEMS

大好きなシャネルシリーズをはじめ、
オイル、乳液、クリーム、バスアイテムで、全身をしっかりお手入れ♥
効果はもちろん、癒やされる香りもお気に入りのポイントなんです。

Body Oil & Serum
― ボディオイル＆美容液 ―

入浴後はクラランスのオイルでケアが日課♥ 肌が引き締まって、とってもおすすめ！

肌をすっきりと整え、引き締めてくれる、植物由来のボディオイル。ボディ オイル "アンティ オー" 100ml ¥7,000／CLARINS

マッサージしながらキメを整えることのできる、ボディ用肌引き締め美容液。トータル リフトマンスール EX 200g ¥7,000／CLARINS

スパで購入したんだけど保湿力が高いし、自分の身体に合う！顔や髪、料理にも使えるすぐれもの♥

100%無添加の最高級品。肌や髪など全身にも使えるので便利です。オリジナル ヴァージンココナッツオイル 500ml ¥4,980／Caricaspa

CHANEL SERIES

使っているのはこれ♥

♥ ココ マドモアゼル フレッシュ ボディ クリーム
♥ ココ マドモアゼル ボディ ローション
♥ ココ マドモアゼル ジェントル ボディ スクラブ
♥ ココ ボディ クリーム
♥ ココ ボディ ローション
♥ ココ サヴォン
♥ チャンス オー タンドゥル モイスチャー ミスト

シャネルは昔から本当に大好き♥ 香りがすごくリラックスできるし男性からも好評。ボディクリームは寝る前につけて癒やされるよ。

Body Cream
― ボディクリーム ―

フローラルの香りがお気に入り♥ ケアとしてはもちろん、香水感覚で使えるのがいいんです。

フローラル エキスを配合し、潤いあふれるスムースな仕上がりに。ミス ディオール ブルーミング ブーケ ボディ ローション 200ml ¥7,000／ディオール

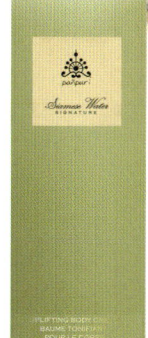

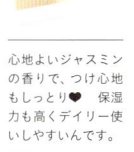

心地よいジャスミンの香りで、つけ心地もしっとり♥ 保湿力も高くデイリー使いしやすいんです。

植物由来成分が贅沢に配合されています。サイアミーズ ウォーター UPL ボディクリーム 200ml ¥4,000／パンピューリ

Bath Item
― バスアイテム ―

SABONは渋谷ヒカリエの店舗が好きでよく通ってるの。デイリーで使うマストな入浴アイテムです。

エッセンシャルオイルと死海の力で、肌が滑らかですべすべな状態に。ミネラル パウダー ハニー・ビーチ 500ml ¥2,778／SABON

毎日身体を洗うのに使っているソープ。お花のスウィートな香りで、幸せな気持ちになれるの♥

イチジクの果実と花の甘く可憐な香り。しっかり汚れを落としつつ肌をしっとりさせます。フィグパフューム ソープ 100g ¥1,100／ロジェ・ガレ

死海の塩のスクラブ効果とオイルの保湿効果で、角質が取り除かれ、シルクのような肌になれます。ボディスクラブ ムスク 600g ¥5,093／SABON

スクラブはシャネル、SABONとこれを使い分け！ フローラルの香りがお気に入りです♥

かさつきや黒ずみに効くシュガースクラブ。TOCCA ボディケアスクラブ フローレンスの香り 200ml ¥3,500／グローバル プロダクト プランニング

Darenogare's DIET & BEAUTY

PART.2
BEAUTY

経験を重ねて見えてきた
今の私をつくる美容法

楽しみながら自分ならではのビューティを日々研究中。
大好きなメイクを中心に、スキンケアからネイルまで、
美へのこだわりを全部見せます！

RULES OF SKIN CARE

ダレノガレがこだわる5つのルール

1. つけるよりまずOFFが肝心！

どんなに疲れている時も絶対化粧を落としてから寝るというのは譲れないMyルール。正直当たり前のことなんだけど、「今日だけはいっか！」ってたまにさぼって寝ちゃう子も多いんじゃないかな？　当たり前を若いうちからしっかり習慣づけることが大切だと思ってるよ。

2. 洗い終わりから保湿をスピーディーに！

朝晩のスキンケアはほぼ毎日オイルor美容液の1点主義。しかもそれを超スピーディーにつけるの。洗顔してタオルドライしたら顔の水分がなくなる前に速攻オイルor美容液をパシャッとつけて終わり！　簡単だから続けられるし、この方法にしてから肌の調子もいいの。

3. 肌の力を信じてやり過ぎない！

魅力的なスキンケア商品はいろいろあるけど、誘惑に負けずつけ過ぎないのも大切だと思う。いろいろ塗りたくると、一旦良くなるけど中断したら逆に肌トラブルを起こすこともあったり……。だから、その時に必要なものを少し足すくらいのスキンケアを心がけているよ。

4. 乾燥は大敵！　保湿をしっかりと！

つけ過ぎには気をつけつつも、乾燥肌だから保湿は常に課題。特に冬は鼻周りがカサつくからオイルを持ち歩いて度々つけたり、ミストを使ったりして集中的にケアを怠りません！　肌のSOSに耳を傾け、早めに気づき、こまめにケアすることが悪化防止のカギだよ。

5. 時にはクリニックの力を借りる！

生理前などには大きなニキビができやすい体質。そんな時は迷わずクリニックに行きます。いざという時相談できる美容皮膚科などを見つけておくと、なにかと心強いと思うよ。私は1〜2ヶ月に1回クリニックでピーリングもやっています。メイクのりが俄然変わるよ！

Darenogare's DIET & BEAUTY

SKIN CARE ITEMS

Darenogare's
FAVORITE SKIN CARE ITEMS

フェイスケアは肌の調子や次の日の予定に合わせて使い分け！
デイリーで使うプチプラからスペシャルな高級アイテムまで、
幅広く使っています。

Wash
— 洗顔 —

行きつけのヘアサロンで買って、ヘアケアシリーズと一緒に愛用❤ 美顔効果もあるの。

フルボ酸やテラヘルツの効果で、洗顔するだけで肌が引き上がる、美顔効果のある石けん。HMCミラクルワンソープ ¥5,600／ROI

Lotion
— 化粧水 —

友人の紹介で使い始めた日本製ブランドの化粧水。潤いたっぷりで、美容液の浸透率もUP！

洗浄、殺菌、消毒機能もあるので、肌荒れにも効果的。ビタミンCも配合。ハイドレーティング ローションⅡ 120ml ¥4,181／fresca

ハリ感が見違えるくらいグッと上がるので、撮影など大切な日の前に使うスペシャルな1本。

肌ダメージをケアしながら、内側から弾むような若々しい肌をつくります。アベイユ ロイヤル ローション 150ml ¥7,400／GUERLAIN

Moisture
— 保湿 —

化粧水、美容液と一緒にシリーズで愛用中❤ 贅沢な肌に仕上げてくれてお気に入り。

ロイヤルゼリーと混ぜて使うため、弾力とハリのある肌に。アベイユ ロイヤル コンセントレート トリートメント 40ml ¥32,400／GUERLAIN

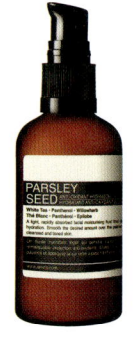

イソップはママおすすめで使い始めたのがきっかけ。家族みんなで使うほどお気に入りなんだ❤

ライト&みずみずしいテクスチャーなので、肌なじみが優秀。アンチ オキシダント ハイドレーター 60ml ¥6,500／イソップ・ジャパン

化粧水とセットで使ってるの❤ 肌荒れなども集中的にケアできるすぐれものなんです。

漢方薬草とオーガニック薬草が気になる部分を集中ケア。デイ／ナイト モイスチャーライジング クリームⅡ 50ml ¥9,723／fresca

48

Serum
- 美容液 -

テレビの収録や雑誌の撮影前など、スペシャルな日の前はイソップシリーズでケアが鉄板なの！

9つの美容成分配合で、すべての肌タイプに使いやすい美容液。フェイシャル トリートメント 41 15ml ¥5,900／イソップ・ジャパン

乾燥にめちゃめちゃ効くので、持ち歩いて1日中使ってます。映画館など外出先でも大活躍！

スキンケアの最初に使うことで、浸透率をUP。乾燥やハリなどトータルにケアします。RMK Wトリートメントオイル 50ml ¥4,000／RMK

勝負の日の前日は、入浴後にこれでスペシャルケア！すっきりしたフェイスラインになれるよ。

蜂蜜から抽出した高濃度な成分が、引き締め輝く肌に導きます。アベイユ ロイヤル トリートメント オイル 28ml ¥13,000／GUERLAIN

Special Care
- スペシャルケア -

車での移動中など、とにかく気になった時にシュッ！乾燥対策にとても効果的です。

顔、髪、ボディに使えるお手軽サイズのミスト。潤いを与え、ハリと弾力のある肌へと導きます。PLOSION炭酸ミストフェイスセット ¥47,500／MTG

袋の中に入っている美容液がとにかく大量！顔だけでなく全身につけてケアしてます❤

高濃度な美容成分を配合、ジュレのようにぷるぷるした親水性の高いマスク。ボタニカル ジュレマスク 25ml×6枚 ¥8,167／fresca

週数回は使うまつ毛のケアアイテム。のびもいいし、まつ毛がすごく伸びるんです！

21種類の美容成分がメイクしながら、まつ毛をケアします。スカルプD ボーテ ピュアフリーアイラッシュ ブラック ¥1,797／アンファー

つけるだけでハリとコシのある、太く長い美しいまつ毛に。スカルプD ボーテ ピュアフリーアイラッシュ ¥1,602／アンファー

こちらも愛用サロンで購入❤ エクステなどで傷んだまつ毛にも効くので手放せません！

まつ毛のダメージを保水&保護し、ハリと弾力のあるまつ毛を実現します。ベンデラ アイラッシュ・エッセンス（チップタイプ）¥5,600／ROI

Darenogare's DIET & BEAUTY

MAKE-UP ITEMS

Darenogare's
FAVORITE MAKE-UP ITEMS

メイク直しをできない時も多いので、もちがいいコスメは気に入ってヘビロテ中❤
プチプラなものからちょっとリッチなものまで、
シーンに合わせて使い分けています。

Face
― フェイス ―

ゲランのベースはとにかく崩れないのがすごい！これを塗っておけば、1日中安心なの❤

24金配合のメイクアップベース。肌をいきいき輝かせ、潤いとハリをプラスします。ロール エッセンス エクラ 30ml ¥10,200／GUERLAIN

夜中までメイクをしっかりキープできるベースなので、特別な日などに使うようにしてるよ。

軽いテクスチャーが肌と一体化し、保湿しながら補整。ランジュリー ド ポー BBベース ビューティーブースター 40ml ¥6,300／GUERLAIN

M·A·Cのベースは自分の肌に合うので大好き❤ きめ細かくて、肌にすっとなじみやすい！

潤い成分を贅沢に配合、仕上がりが長時間続くパウダーファンデーション。M·A·C スタジオ パーフェクト SPF 15 13g ¥4,000（コンパクト別売り）／M·A·C

狙った部分に自然な立体感を演出。ファンデやシェーディングとして。M·A·C ミネラライズ スキンフィニッシュ／ナチュラル ライト ¥4,500／M·A·C

ナチュラルマットなのに、崩れにくくカバー力抜群のリキッドファンデーション。スタジオ フィックス フルイッド SPF15 32g ¥4,400／M·A·C

Lip
― リップ ―

発色がいいし、色がにじみ出てくる感じが素敵❤ 入れ物が可愛いところも好きです。

ミルラオイルが唇の表面を整え、グラマラスな口元に導きます。キスキス 右から325、368各 ¥4,300／GUERLAIN

色が落ちにくいのでお気に入り❤ 濃いめと薄めの色を、気分によって使い分けてます。

みずみずしい透明感のある艶が特徴のオイルージュ。ヴォリュプテ ティントインオイル 右からNo.5、No.4各¥3,800／YVES SAINT LAURENT

50

Eye
— アイ —

たくさんの色が入ったパレットなので、色を足したい時などにも使いやすくていいんです❤

ラメ量を調整して仕上げられます。キャンメイク パーフェクトスタイリストアイズ07 ガトーフランボワーズ ¥780／井田ラボラトリーズ

発色もいいし、目元がゴージャスに仕上がるの。デートや撮影などスペシャルな時に大活躍。

光と影を組み合わせた立体メイクなど、思いのままの目元が叶うアイシャドウパレット。エクラン キャトル クルール 15 ¥8,000／GUERLAIN

描きやすいし、ラインがキレイに出るのでヘビロテ中❤ 細かい部分までくっきり仕上がるの。

極細なので細かい部分まで描きやすい。ペン先は繰り出しタイプになっています。ケイト アイブロウペンシルN ¥700／カネボウ化粧品

ハネが描きやすいので、目尻のメイクの時に便利。細かいところまできっちり描けるの。

極細筆で目のキワや細いラインも簡単に描けます。キャンメイク ストロングアイズライナー01 スーパーブラック ¥800／井田ラボラトリーズ

長時間落ちずにキープできるところがGOOD❤ キャンメイクと合わせて使っています。

美容液成分配合で、目元&まつ毛をケア。スカルプD ボーテ ピュアフリーアイライナー[リキッドタイプ ブラック] ¥1,565／アンファー

メイクさんにすすめられて使い始めたのがきっかけ！ 塗りやすいし、のびが抜群にいいの。

まつ毛に長さとボリュームをプラス。ラッシュ パワー マスカラ ロング ウェアリング フォーミュラ ブラック オニキス ¥3,500／クリニークラボラトリーズ

DAILY MAKE-UP
毎日のメイク

ハーフということもあって、盛り過ぎるとどうしても派手に見えちゃう。
だから、普段のメイクは、目にポイントを置きながらも、
女性らしく優しい印象に見せるための引き算がカギ！

下地→リキッドファンデーション→パウダーの順でベースづくりからスタート。マット肌が最近の気分。　**1.**ブラシでチークをオン。オレンジなら横長に、ピンクなら笑った時盛り上がる部分に丸く入れて。　**2.**眉はパウダータイプでふんわり優しい印象に。　**3.**彫りが深いので、あえて陰影をつけ過ぎないようアイシャドーは淡い単色使い。今回はブラウン。指でアイホール全体に薄くのばして。　**4.**アイラインはブラックを選択。目尻を自然に跳ね上げ、目力をアップ。　**5.**リップはピンクが定番。ベージュピンクからビビッドピンクまでを使い分け。
6.グロスは不自然でない程度に少しオーバーめにオン。ぷっくりした唇に仕上げて。

THE PATTERN FOR EYELINER

アイライナーを使い分ける

Standard

スタンダード

普段、一番よくするアイラインはこちら。太過ぎず細過ぎず、自然だけど目尻に少しポイントが来るように、ほんの少し下げてから跳ね上げるイメージで描くのがポイントです。

side

Long

ロングハネ

スタンダードの形をより太く、より長めに跳ね上げたロングハネは、ドレッシーなお洋服の時や、クールなコーデの時に活躍！ アイラインだけで瞳の印象がぐっと強くなるよ。

side

メイクで一番こだわっているのはアイライン。ほぼスッピンでもラインだけは描いています。
引き方次第で印象もガラリと変わるよ！

Short

ショート

ナチュラルメイクの時は、跳ね上げ感をセーブしたショートアイラインに。目の輪郭に沿って目尻は若干下げるイメージで引き抜くと◎。このくらいが男性ウケも良かったりするんだよね。

side

Drooping

タレ目

タレ目風アイラインはこれまであまりやらなかったんだけど、最近研究してこれから取り入れていきたいアイラインの形！ 太めに、やや長く引くのがキュート♥ 印象が優しげになるよね。

side

Marilyn Monroe

DREAM OF MAKE-UP

憧れ女優をまねっこ！

大好きなものまねメイクを披露❤ 今回はとびっきり絵になる2人の憧れアクトレスをまねっこ！
この2人はお部屋に絵やポスターを飾るレベルの大ファン❤
メイクのjunjunと共に奮闘した渾身の2ショットです！

1

Hair Style

2

Lip

3

Eyes

1.ヘアはブロンドのウィッグ。立ち上がりからS字を描くフロントのカールがクラシカルなムード。 2.マットなレッドが当時を彷彿とさせるリップは輪郭よりオーバーに、山は緩やかに描く。ポイントのほくろはアイラインで。 3.アイシャドーはチャコール。ダブルラインで彫りを深く見せて。アイラインは気持ち上げ気味の直線に。

Audrey Hepburn

1

Hair Style

Eyebrow

2

1.ヘアはウェットなスタイリング剤で仕上げてツヤのある上品なアップスタイルに。眉上バングがチャームポイント。 2.眉頭から斜め上に向け直線で描いた太め眉は目尻から1cmほどはみ出す長さがベスト。アーチにするのはNG。 3.チャコールグレーのアイシャドーで二重幅よりオーバーにダブルラインを描く。縦に大きくつくることでオードリーらしいクリッとした瞳を再現。

3

Eyes

まねっこヘア&メイクはメイクアップアーティストのjunjunこと、岩本惇源さんとのコラボでした!

Darenogare's DIET & BEAUTY

DAILY MAKE-UP SNAPS!
毎日のメイクスナップ

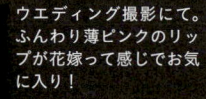

ウエディング撮影にて。ふんわり薄ピンクのリップが花嫁って感じでお気に入り！

Bride♡

Daily

ケイティ・ペリー風メイクはショーの合間に思いつきで！赤リップがぽいでしょ？

Cool

オールブラックコーデに合わせたクールメイク。眉はやや太めに、ラインは目頭にもイン。

仕事で訪れた北海道。透明感のある薄めメイクにしたよ！アイラインは控えめが◎。

こちらはハワイでの写真。アイラインをポイントに、他は控えめにしてリラックス感を！

Mimicry

番組でしてもらったアンジェリーナ・ジョリーのまねっこメイクは周りからも好評でした。

テイラー・スウィフトちゃんのまねっこメイク。リップはやっぱりビビッドカラーが正解！

洋服、髪型などを考慮してその日の気分でチェンジするメイク♥
プライベートやファッションショーでのお気に入りメイクを振り返ったよ。

Sweet♡

目尻と下瞼にピンクのライン&アイシャドーを入れた甘めメイクは、ファッションショーで。

いつもはまつエクだけなんだけど、この日はツケマを使用。目尻を強調して大人っぽく!

Halloween☆

ハロウィンではゾンビに! 街に出ても気づかれないと思ったけど、即気づかれました(笑)。

カラコンをいつもの茶色からグレーに変えてハーフ感アップ。タレ目風で優しい印象に。

スッピン風の薄めメイクにリップだけ赤をチョイス。シャネルの赤がお気に入りです。

Maleficent

つーちゃんと共作のマレフィセント。写真もこだわって、角度を変えて100枚は撮った!

普段はしないブルーのラインを入れたショーでのメイク。ブレイズ風ヘアもクール!

Fashion show

Daily☆

61

Darenogare's DIET & BEAUTY

MANICURES
ネイル

初めてネイルを塗ったのは5歳の時。
ママのまねをしてこっそり塗りました。ママにバレてダメよって注意されたな。
ここでは、これまでオーダーしたお気に入りの一部をご紹介します！

ストーン&ゴールドラインをプラスしたカーブの変型フレンチ。シンプルでもおしゃれに見せてくれるフレンチが大好き！

手のネイルは意外とこのくらいの淡いトーンのことが多いの。ストーンとのコンビが大人♡

フレンチは本当によく選ぶ定番！色の境目に引いたゴールドのラインがアクセント。

たくさんのストーンで遊びのあるデザインに。フレンチ&ポイント使いなら派手過ぎないよ。

ホワイト×クリアフレンチ。何色かのスタッズをポイントでのせておしゃれ度アップ！

ラインストーンがシンプルな中に品のいいお目立ち感をプラス。これはお友達の結婚式に。

グリッターの反射で指先をキレイに見せてくれるネイルは、ハワイに行く前にしたもの。

こんなピンクのペディキュアなら気分もアガる！ビビッドカラーは女の子ウケも◎です。

シャネルマークのシールがお気に入り♪ブラックにゴールドのラインでリッチな印象に。

春夏にピッタリのビビッドグラデペディキュア♥ サンダルを履きたくなっちゃいます！

フレンチに1本だけチェック&スタッズ&パールを。クリスマス前のモテネイルです♥

ホワイトに色とりどりのストーンをちりばめたペディキュアは、大人可愛いイメージ♥

ホワイト×ブラックのバイカラー。これはダークな服にハマっていた時にやったもの。

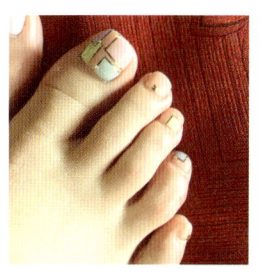

手がレッドだったので、足はあえてホワイトにして、そのコントラストを楽しんでみたよ。

夏には毎年こんなマリンテイストがしたくなる！海やプールで目を引くこと間違いなし。

去年チャレンジしたネイルのペディキュアバージョン。シルバーラメのチェックで可愛く。

こんなペールトーンの優しいカラーも好き！スタッズやゴールドのラインでメリハリを。

63

PART.3
HAIR STYLE

無理しないヘアケア＆
楽しいヘアチェンジライフ

愛用のヘアケアアイテムや
デビューからのヘアスタイル遍歴など、
私の髪にまつわるあれこれをギュッとまとめてご紹介します！

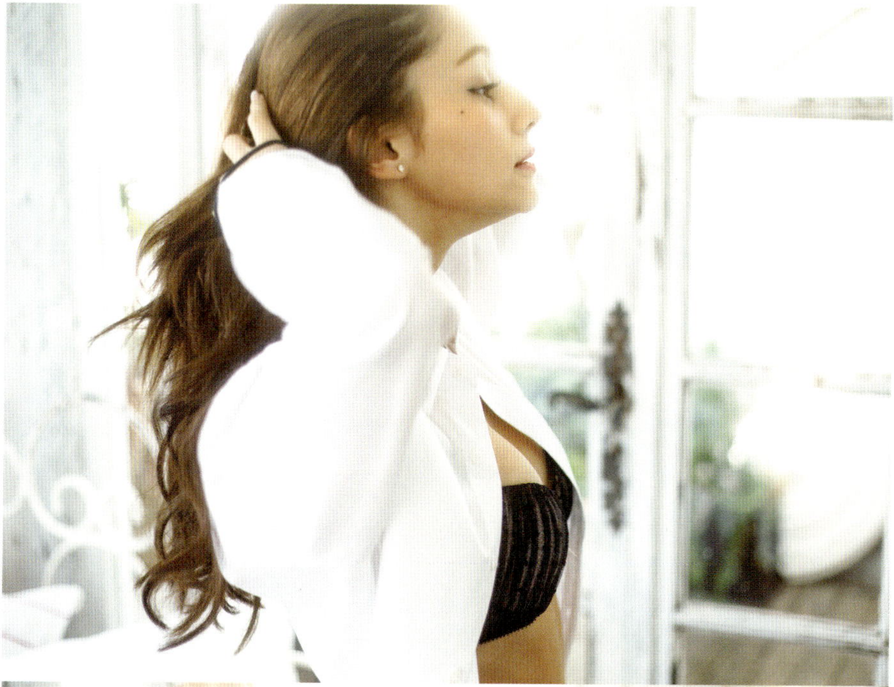

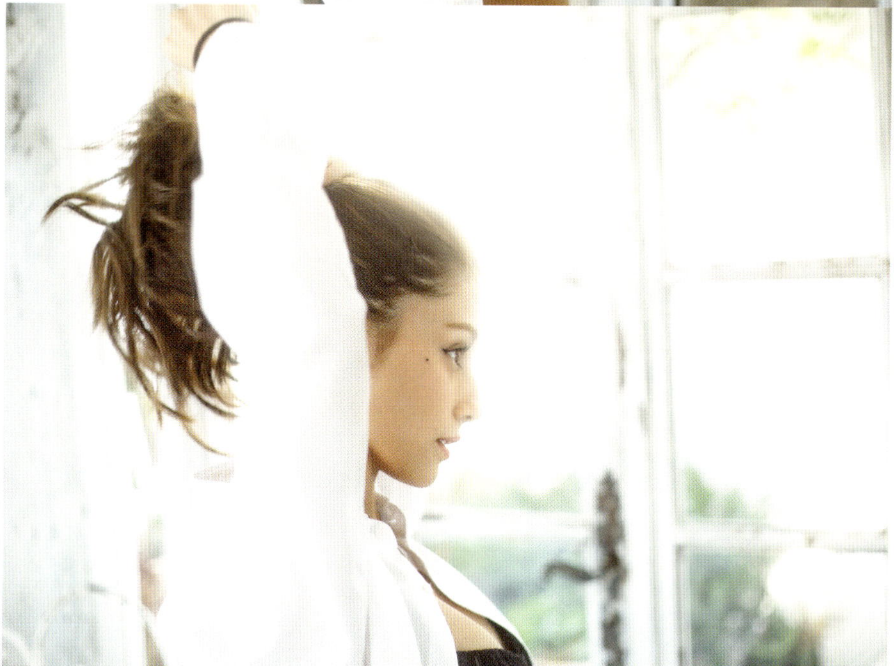

HAIR CARE

髪のお手入れ

特別なことをしているわけではないんだけど、いろいろな髪型を楽しみたいからこそ、正しいヘアケアを心がけるようにしているよ。例えば、シャンプーはしっかり洗い流すとか、コンディショナーは根元にはつけないで、中間から毛先だけにつけて30秒くらいで流しちゃうとか。地肌に余計なものを残さないという意味でも"オフ"にはこだわってる。"髪にいいことをする"というよりは"髪に悪いことはしない"というのが、私が考える最善策だよ。

HAIR CARE ITEMS

Darenogare's
FAVORITE HAIR CARE ITEMS

自宅でのヘアケアは、行きつけサロンのアイテムを中心に愛用♥
バスタイムでのお手入れはもちろん、アウトバスでのケアや
毛穴からしっかりキレイにしておくのが基本です。

ROI SERIES

愛用サロンで購入しているヘアケアシリーズ。ず〜っとお店で販売しないかな……って思っていたら、買えるようになって嬉しい♥

クリーミーな泡立ちが髪を包んで毛穴の汚れを除去。スイートムスクの香り。ベンデラ プレミアム ピコシャンプー 300ml ¥3,000／ROI

フルボ酸や高ミネラル水が、ダメージを受けた髪や頭皮を健康に導きます。ベンデラ プレミアム ピコトリートメント 250ml ¥3,000／ROI

髪のダメージ回復＆頭皮ケアができる、髪の化粧水とも呼べるローション。ベンデラ プレミアム ピコローション 100ml ¥3,000／ROI

高濃度フルボ酸で傷んだ髪を修復しながら、スタイリングもできる美容液。ベンデラ プレミアム ピコリキッド 100ml ¥3,000／ROI

知り合いからの頂き物♥ ジャスミンの香りも好きだし、エクステにも使えるところが便利なの。

植物性オイルで潤いとまとまり感のある髪へ。オイルなのに仕上がりはサラサラ。ヘアセラム デリケート・ジャスミン 30ml ¥3,519／SABON

地毛のヘアケア用。しっかりと保湿をしてくれるので、髪全体がまとまっていい感じになるの♥

ゴールドヒアルロン酸オイルが、毛先までしっかり保湿＆補修。LUX スーパーリッチシャイン モイスチャー 55ml ¥1,124／ユニリーバ

髪の集中保湿として、週に3回くらいは使っています。冬は乾燥対策にもなるので重宝してます♥

スプレーがミルクに変化する保湿力高めのトリートメント。ダヴィネス オイ ミルク 135ml ¥2,800／コンフォート ジャパン

Darenogare's DIET & BEAUTY

前髪を編み込みにして、おでこ見せ♡ 編み込みは女子ウケがとってもいいです！

Happy lucky cozy!

左）思い切ってボブにした時。アッシュカラーと素髪風のドライな質感でおしゃれに。 上）こんな感じの高めのおだんごをよくするよ。きっちりし過ぎず手グシでチャチャッとね！ 右）こちらは撮影にて。ダークな髪色とくせ毛風ウェーブのコンビって雰囲気出るよね。

最近、ショートバングにしてみました！毛先にだけ少し軽さを出しているのがポイント☆

Darenogare's
DAILY HAIR STYLE

毎日のヘアスタイル

ヘアスタイルを変えるのが大好き♥
ロング、ボブ、パッツン……女の子だからこそたくさんの髪型ができるよね。
いろいろなヘアスタイルにチャレンジして女の子であることを楽しも！

左）おだんごにリボンをプラスして女の子らしく♡ 少し後れ毛を残すと甘さがアップ！ 右上）結構な頻度でカラーを変えるタイプ。夏はこんなハイカラーにしたくなっちゃう！ 右）収録でドレスを着たから、ヘアもストレート＆ヘビーパートでドレッシーにセット。

Cute!

左）ファッションショーでのショット。お花のヘッドドレスがゆるいウェーブとマッチ♡ 上）コテでMIX巻きに。顔周りはリバースというのがこだわり！コテはアイビルを使用。

上）こちらはわりと最近。毛先はくるんと内巻きワンカールにしてちょっぴり清楚に。　右）ストーンのカチューシャが主役。全部をきっちりしないで、後れ毛を残すのがカギ。

デビュー直後。1度落ちた今の事務所に受かったのはこの髪型に変えてくれたROIの野口さんのおかげって思っています！

Sweet

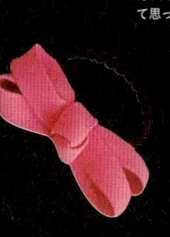

左上）低めのシニヨンをつくって帽子をかぶっただけの簡単アレンジ。夏に最適だよ！　左下）ずばりポイントはパッツン前髪！毛先の外ハネも相まってレトロな雰囲気に。　右上）こちらはレアな黒髪時代〜！ミステリアスな感じがするってなかなかの好評でした。　右下）番組でした編み込みアップスタイル。可愛いし、動いても崩れにくいのがいい！

Kiss!

左）番組で。高校生ってストレートロングがモテるってイメージだったからこのヘアにしたの(笑)。　右）カチューシャとかヘアゴムとか、リボンモチーフのヘアアクセに目がないの♡

帽子×アレンジヘアはきちんと手をかけている感がでるよね。この日は低めのひとつ結び。

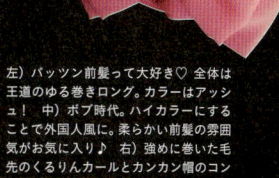

and more!

左）パッツン前髪って大好き♡ 全体は王道のゆる巻きロング。カラーはアッシュ！　中）ボブ時代。ハイカラーにすることで外国人風に。柔らかい前髪の雰囲気がお気に入り♪　右）強めに巻いた毛先のくるりんカールとカンカン帽のコンビ。キッズ風でいいでしょ？

69

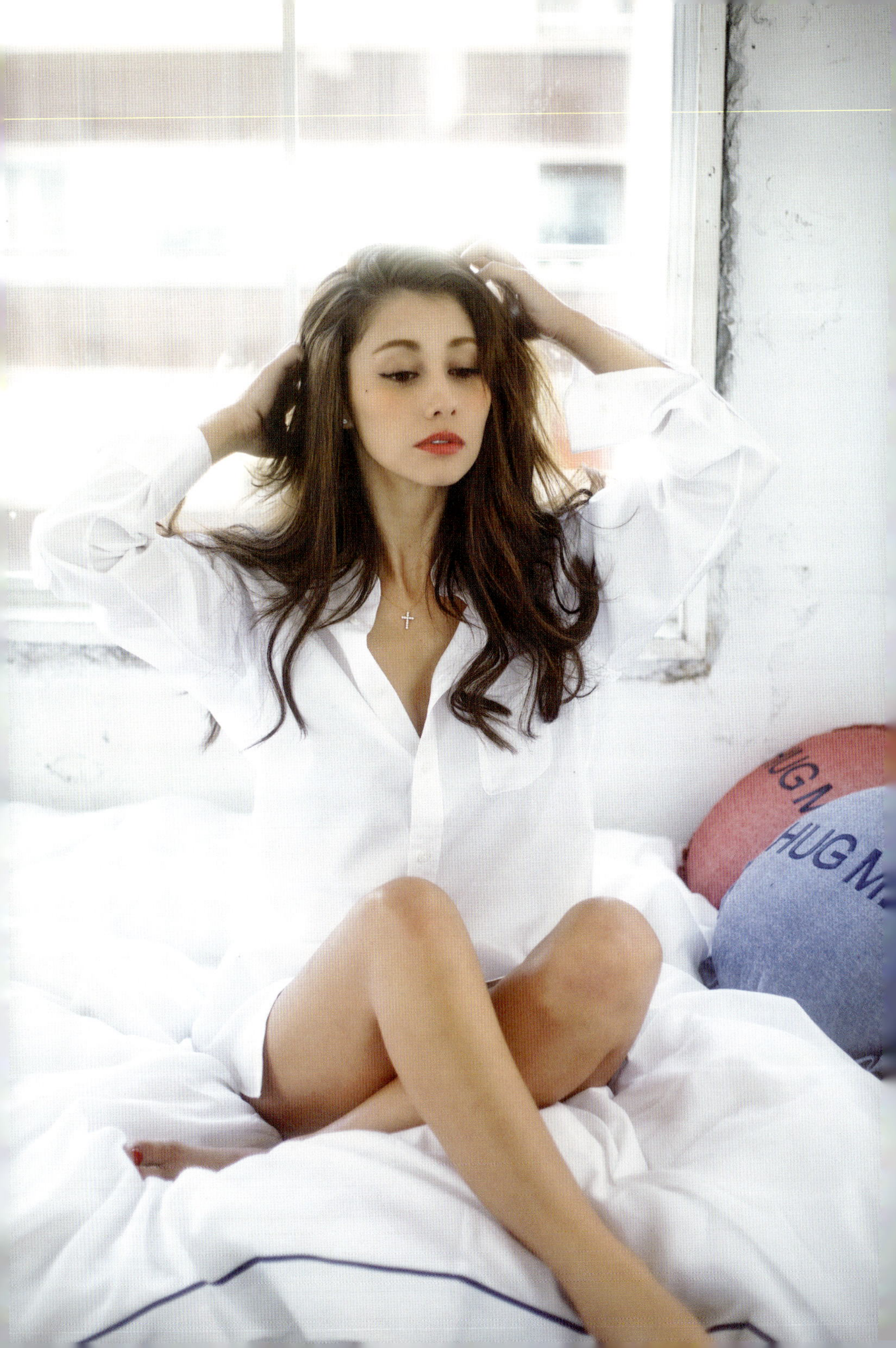
HUG M
HUG M

I am full of energy when I wake up in the morning

I give morning kiss to my COCO,
and then head to the gym,
this is my ideal way to spend my morning

*at the gym, I train my body,
swim, underwater walk, treadmill,
it will depend on how I feel on the day*

after my morning session,
I start to wonder what to eat for lunch.
when I treat myself after a hard
training with healthy food,
my day is complete

Darenogare's

FASHION

こだわりが詰まった私服コーデや、お気に入りの小物たち。
ダレノガレ流おしゃれのヒミツを大公開！

PART.4
COORDINATE

私服コーデのルール

普段の定番コーデから、
スペシャルな日のおすましコーデまで、
全120ルックのスタイリングをキーワード別に大公開！

Cool！

赤バッグは
差し色コーデの
基本アイテム！

KEYWORD 01
Accent Color
アクセントカラー

基本シンプルなスタイリングが多いからこそ、欠かせないのがアクセントとなる小物。
キレイめカラーを投入して、
ワンランク上のおしゃれを狙うのがダレノガレ流。

"上品な雰囲気のブラックコーデにクラシカルなチェーンバッグが好相性"

Tops_American Apparel
Pants_DABAgirl
Shoes_SOKUSOKO
Bag_CHANEL

Darenogare's **FASHION**

Coat_ZARA
Shoes_ESPERANZA
Hat_CA4LA

Bag PRADA

Jacket & Tops & Boots_ZARA
Short Pants_SPIRALGIRL
Sunglasses_TOM FORD

Tops_DABAgirl
Skirt_MERCURYDUO
Shoes_Christian Louboutin
Sunglasses_TOM FORD

Overall_3rd by vanquish
Shoes_MERCURYDUO

Bag LOUIS VUITTON

Coat_ROSE BUD
Pants_DABAgirl
Shoes_moussy
Sunglasses_TORY BURCH

Jacket & Shirt_ZARA
Short Pants_SPIRALGIRL
Boots_UGG
Bag_PRADA

Bag CHANEL

I lovebag ♡

1.Tops_INGNI, Pants_DABAgirl, Shoes_LOUIS VUITTON, Sunglasses_FOREVER21
2.Tops & Sunglasses_ZARA, Shoes_TOPSHOP, Bag_CHANEL
3.Tops_DABAgirl,Shoes_ESPERANZA,Bag_LOUIS VUITTON,Sunglasses_TORY BURCH

1

2

3

Knit_ZARA
Boots_ESPERANZA

Bag
CÉLINE

Coat_DURAS
Shoes_R&E

4.Tops_MURUA,Pants_DABAgirl,Shoes_LOUIS VUITTON,Hat_MIIA
5.One-Piece_EDDY GRACE, Bag_Chloé

4

Jacket & Tops_ZARA
Pants_MIIA
Boots_CHANEL
Sunglasses_TORY BURCH

Bag
CÉLINE

Cardigan & Tops_DABAgirl
Pants_SPIRALGIRL

5

79

Casual Mix

KEYWORD 02

カジュアルミックス

ラフにキメたい日だって、どこかしらに違った要素を取り入れるのがMYルール。
ボーイッシュでも女の子らしいヒール、大きめトップスは脚出しでワンピ風に。
そんなヌケ感が大事。

Tops_FOREVER21
Shirt & Socks_INGNI
Shoes_miu miu

Tops_UNIQLO
Overall_DABAgirl
Shoes_ESPERANZA

Tops_EDDY GRACE
Short Pants_TOPSHOP
Sunglasses_FOREVER21

Tops_Love is...
Pants_DIESEL
Shoes_snidel
Sunglasses_A.D.S.R.
Bag_CHANEL

Parka_adidas
Sunglasses_DOLCE & GABBANA
Knit Cap_UNIQLO

Tops_MURUA
Pants & Hat_MERCURYDUO
Shoes_ESPERANZA
Sunglasses_FOREVER21
Bag_CÉLINE

Parka_adidas
Short Pants_TOPSHOP
Sunglasses_DOLCE & GABBANA
Knit Cap_UNIQLO

Shirt_UNIQLO
Pants_DABAgirl
Shoes_ESPERANZA

Darenogare's **FASHION**

KEYWORD 03
Showing Skin
肌出し

スタイルキープのモチベーションも上がる肌出しコーデ。
ポイントは、トップスとボトムをバランス良く合わせて、やり過ぎないようにまとめること。
セクシーだけど、どこかヘルシーに仕上げて。

Tops_Rouge Diamond
Pants_KIKKA
Shoes_DURAS
Hat_SPIRALGIRL

Shirt_UNIQLO
Pants_DABAgirl
Sunglasses_IMPORT

Tops_rienda
Short Pants_MIIA
Shoes_Christian Louboutin

Tops & Short Pants_ZARA
Shoes_Christian Louboutin
Hat_DABAgirl

Tops_ROYAL PARTY
Pants_SPIRALGIRL
Hat_CA4LA

Tops_Lilidia
Short Pants_TOPSHOP
Hat_SPIRALGIRL

Set-up_Lilidia
Sunglasses_FOREVER21

Tops_DABAgirl
Sunglasses_CHANEL

83

Darenogare's FASHION

KEYWORD 04
One-Piece
ワンピース

特別な日のおしゃれにはワンピースをチョイス。
いつもはクールなスタイリングが多いから、たまにはグッと女の子気分を盛り上げて♥
一枚で可愛くキマるお手軽さも魅力。

One-Piece_EDDY GRACE
Shoes_LOUIS VUITTON
Socks_INGNI
Bag_CHANEL

One-Piece_EMODA
Shoes_ZARA

One-Piece_snidel

One-Piece_Lilidia

One-Peace_EDDYGRACE
Shoes_LOUIS VUITTON
Hat_CA4LA
Sunglasses_FOREVER21

One-Piece_Alluge

Happy!

One-Piece_GALSTAR
Shoes_Christian Louboutin

One-Piece_DABAgirl
Shoes_ZARA
Bag_CHANEL

Darenogare's FASHION

KEYWORD 05
All Black
オールブラック

カラフルな洋服も好きだけど、やっぱり落ち着くところはブラック。
気づけばついつい買っちゃうのもブラック。
ディテールにこだわりのあるアイテムを選びます。

unknown

Tops_Lilidia
Pants_DABAgirl

One-Piece_IMPORT
Shoes_ESPERANZA
Sunglasses_ZARA, Bag_CHANEL

Jacket_Serene Dept.
Shoes_ESPERANZA
Hat_CA4LA, Bag_CHANEL

One-Piece_DOLCE & GABBANA
Boots_CHANEL

Coat_rienda
Pants_EMODA
Shoes_TOPSHOP

Overall_ZARA

unknown

Jacket_ZARA
Tops & Pants_moussy

Coat_rienda
Bag_CHANEL

Coat_Serene Dept.
Sunglasses_ZARA

87

Darenogare's FASHION

KEYWORD 06
Monotone
モノトーン

定番のモノトーンコーデなら、普段は着ないタイプの洋服にも挑戦できちゃうから不思議。
ブラックとホワイトのどちらかの比率を多めにすると、
おしゃれ上級者な雰囲気に。

Tops_rienda

Knit_UNIQLO
Pants_MIIA
Boots_R & E
Knit Cap_UNIQLO
Sunglasses_TORY BURCH
Bag_CÉLINE

Tops_FOREVER21
Pants_KIKKA
Sunglasses_SPIRALGIRL

Knit & Pants_ZARA
Shoes_LOUIS VUITTON

Tops_FOREVER21
Pants_COLZA
Bag_CHANEL

Tops_Noëla
Short Pants_moussy
Sunglasses_SPIRALGIRL

One-Piece_Emiria Wiz
Hat_SPIRALGIRL, Shoes_moussy
Sunglasses_FOREVER21

Overall_DABAgirl
Shoes_Christian Louboutin
Sunglasses_DOLCE & GABBANA

Tops_MERCURYDUO
Short Pants_MIIA

Jacket & Tops & Shoes_ZARA
Sunglasses_TORY BURCH
Bag_Yves Saint Laurent

Jacket_Serene Dept.
Tops_SHIMAMURA
Pants_ZARA, Bag_CHANEL

Jacket_DABAgirl
Short Pants_moussy
Bag_ZARA

monotone coordinate

Jacket & Pants & Bag_ZARA

Knit_ZARA, Pants_DABAgirl
Boots_BeBe
Sunglasses_FOREVER21

Coat_rienda
Parka_adidas

Jacket & Tops & Pants_ZARA
Sunglasses_DOLCE & GABBANA

One-Piece_GALSTAR, Shoes_ZARA
Sunglasses_DOLCE & GABBANA
Bag_Yves Saint Laurent

KEYWORD 07
Mannish
マニッシュ

一見マニッシュなスタイリングは、
逆に女らしさを引き出してくれる気がします。
ボトムはゆったりシルエット、足元はヒールでスタイルアップするのが正解！

Coat_ROSE BUD, Overall_DABAgirl
Knit_UNIQLO, Shoes_ESPERANZA

Coat_AUNTMARIE'S, Tops_EVRIS
Pants_DABAgirl, Shoes_LOUIS VUITTON
Hat_CA4LA

Knit_MERCURYDUO, Pants_DABAgirl
Shoes_EATME, Sunglasses_FOREVER21
Hat_CA4LA

Coat_AUNTMARIE'S, Pants_DIESEL
Shoes_LOUIS VUITTON, Sunglasses_ZARA
Hat_DABAgirl

Coat_ROSE BUD, Pants_DABAgirl
Shoes LOUIS VUITTON, Hat_CA4LA

KEYWORD 08
Hat
ハット

コーデがなんだか物足りない時にはハットをON。
どんなスタイルにも対応できるように、バリエーション豊富に揃えてます。
ヘアスタイルを気にしなくていいところも好き。

1.Tops_ZARA, Pants & Hat_DABAgirl,Shoes_LOUIS VUITTON　2.Jacket & Tops & Shoes_ZARA,Pants_MIIA,Hat & Eyewear_EMODA,Bag_CÉLINE
3.Tops_ZARA,Hat_DABAgirl,Bag_CHANEL　4.One-Piece_rienda,Sunglasses_SPIRALGIRL,Hat_EDDYGRACE　5.Tops & Hat_MERCURYDUO,Short Pants_snidel,Sunglasses_ZARA　6.Tops_Love is...,Pants & Hat_DABAgirl,Shoes_IMPORT,Bag_CHANEL　7.Overall_DABAgirl,Tops_INGNI,Hat_CA4LA

KEYWORD 09
Kimono
着物

ブログやTwitterで反響のあった着物の着用写真を一挙公開♥
普段あまり着る機会がない和服は、心が引き締まるようなキチンと感があって好き。
自分でも結構似合ってると思います（笑）。

©キモノプリンセス

涼墨調の全体に、金色の柄がゴージャスな雰囲気。クラシックなのに、大胆さもある素敵デザインに視線くぎづけ♥

大きめの花柄がなんともキュート！黒×ピンクの、女の子気分をくすぐるコントラストに注目！髪飾りのお花も可愛い。

大人な女の魅力を引き立ててくれるモノトーンと、大きなバラ柄が相性バッチリ。媚びない女にピッタリの粋なデザイン。

ハッとするような鮮やかな黄色が他にはない感じ。黄色の派手さと、シックな黒薔薇のバランスがGOOD。帯留めの水色も◎。

赤からベージュのグラデーションに、沢山の花がON。少女感もありながら、大人の色気も感じさせるオールマイティーなデザイン。

93

KEYWORD 10
Resort Style
リゾート

旅行大好きな私。青い空、青い海、キレイな自然がある場所に行くと、コーデも自然にいつもより開放的になっちゃう。そんなダレノガレ式のリゾートスタイルをお届け。

お正月に友達と行ったハワイのビーチにて。とっても素敵なビーチでした♥

Go Go!!!

Yeah!

95

Others
– その他いろいろ –

まだまだあります！ コーディネート写真のお蔵出し。
残さず見てほしいから、詰め込んじゃいます。

1.Jacket & Tops_ZARA,Pants_DABAgirl 2.Tops_MERCURYDUO,Pants_Emiria Wiz,Shoes_snidel,Sunglasses_FOREVER21 3.Shirt_UNIQLO,Pants_Lee,Shoes_BEAMS,Sunglasses_TORY BURCH,BAG_Yves Saint Laurent 4.Knit_MERCURYDUO,Pants_DABAgirl,Sunglasses_FOREVER21 5.Knit_MERCURYDUO,Short Pants_rienda 6.Tops & Boots_ZARA,Short Pants_SPIRALGIRL,Bag_Yves Saint Laurent 7.One-Piece_DABAgirl,Sunglasses_ZARA,Hat_MIIA 8.Shirt_snidel,Pants_DABAgirl,Sunglasses_FOREVER21 9.Coat_ZARA,Short Pants_DABAgirl,Shoes_moussy,Sunglasses_TORY BURCH 10.Parka_adidas,Pants_DABAgirl,Sunglasses_FOREVER21 11.unknown 12.T-Shirt_H&M,Pants_DABAgirl,Knit_EMODA,Eyewear_TOM FORD,Bag_Yves Saint Laurent

MY CLOSET ESSENTIALS

Darenogare's
FASHION ITEMS IN HER CLOSET

コーデのおしゃれ度がUPするような有能小物たち。
主役であり脇役であり救世主である、スペシャルなアイテムたちをまとめてご紹介。

EYEWEAR
— アイウエア —

めがねもサングラスも大好き！ 気づいたらかなりの量を持っていました。
存在感のある大きめフレームに惹かれます。

1.SPIRALGIRL
2.DOLCE & GABBANA
3.**7**.**8**.FOREVER21 **4**.ZARA
5.moussy **6**.CHANEL

ちょっぴりおちゃめな
ハート形のフレームが
GOOD。コーデのテンション
を上げてくれます。
Sunglasses_FOREVER21

まんまる大きめサングラスはヘビ
ロテアイテムのひとつ。ホワイト
フレームで個性をアピール。
Sunglasses_IMPORT

SHOES
– シューズ –

靴は基本、大人っぽいものを選びます。定番カラーはもちろん、
アクセントになる派手カラーも好き。どこかエッジーなものが多いかも。

1.snidel **2**.REZOY **3**.ESPERANZA **4**.LOUIS VUITTON **5**.I·R·O·n·n·a

1.miu miu **2**.**3**.**4**.Christian Louboutin **5**.LOUIS VUITTON

BAG
− バッグ −

バッグ大好き！ 特にCHANELのバッグLOVEなので、ヴィンテージショップを
こまめにチェックしてます。気づけば、こんなにバリエーション豊富♥

どんなスタイリングにも合わせやすい、チェーンバッグにラブコール！
1.2.8.9.CHANEL
3.4.5.6.7.CHANEL（Qoo表参道店）

デイリーユースに最適な大きめバッグ。可愛いだけでなく、機能性も◎。 **1.2**.CHANEL **3**.CHANEL（Qoo表参道）

Darenogare's FASHION

HAT
− ハット −

ダレノガレ式のファッションを語るには、なくてはならない存在のハット。
ラフなコーデのアクセントにも、レディなコーデにはまとめ役として大活躍！

1.ホワイト×ネイビーのボーダーが爽やかな雰囲気。 Hat_MIIA　2.ボリューミーなハットは小顔効果だって絶大なんです。Hat_CA4LA,Tops_ROYAL PARTY
3.夏にぴったりのかぎ針編みハット。くたっとしたシルエットも可愛い！ Hat_CA4LA

ROYAL PARTY

ROYAL PARTY

CA4LA

CA4LA

Merry my

MIIA

DABAgirl

MERCURYDUO

SPIRALGIRL

HEDSTAR (Sample Item)

FAVORITE SHOPS

ついついお買い物しちゃう、お気に入りショップたち♥

SHOPS 01
snidel
ルミネ新宿2店

DATA ⓐ東京都新宿区新宿3-38-2 2F ☎03-3345-5357 ⓔ11:00~22:00 ⓗ不定休
http://snidel.com/

SHOPS 02
ROSE BUD
渋谷店

DATA ⓐ東京都渋谷区渋谷1-23-18 ワールドイーストビル1・2F ☎03-3797-3290 ⓔ11:00~20:00 ⓗなし
http://official.rosebud.co.jp/

SHOPS 03
adidas
PERFORMANCE CENTRE Shibuya

DATA ⓐ東京都渋谷区宇田川町23-5 ☎03-5456-6810 ⓔ11:00~22:00 ⓗなし
http://www.japan.adidas.com/

SHOPS 04
ZARA
原宿店

DATA ⓐ東京都渋谷区神宮前6-31-17 ☎03-5646-2100 ⓔ11:00~21:00(月~金)、10:00~21:00(土日祝) ⓗなし
http://www.zara.com/

SHOPS 05
MURUA
渋谷109

DATA ⓐ東京都渋谷区道玄坂2-29-1渋谷109 5F ☎03-3477-5152 ⓔ10:00~21:00 ⓗ元旦のみ
http://murua.co.jp/

SHOPS 06
ALEXIA STAM
(webshop)

世界中のBeachをテーマに、女の子のテンションを最大限に上げてくれるスペシャルな水着を中心に展開。デザイナー山中美智子が手掛けるブランド。
DATA http://alexiastam.com/shop/

SHOPS 07
DABAgirl
(webshop)

韓国でトップクラスの人気を誇るブランドの日本公式通販サイト。スタイルアップ効果の高いアイテムが豊富。
DATA ☎03-6280-5121(平日10:00~18:00)
http://www.dabagirl.jp/

SHOPS 08
Vintage Brand Shop
Qoo

DATA ⓐ東京都渋谷区神宮前4-3-15 東京セントラル表参道515 ☎03-6804-2201 ⓔ12:00~19:00 ⓗ不定休
http://qoo-online.com/

SHOPS 09
rienda / The SHEL'TTER TOKYO
東急プラザ表参道原宿店

DATA ⓐ東京都渋谷区神宮前4-30-3 B1F ☎03-6730-9191(コールセンター) ⓔ11:00~21:00 ⓗ館に準ずる
http://www.rienda.vc

©Ryuji Sue(See)

SHOPS 10
Lilidia / The SHEL'TTER TOKYO
東急プラザ表参道原宿店

DATA ⓐ東京都渋谷区神宮前4-30-3 B1F ☎03-6730-9191(コールセンター) ⓔ11:00~21:00 ⓗ館に準ずる
http://lilidia.com/

©EIJI HIKOSAKA

Darenogare's
PERSONALITY

ダレノガレ明美ってホントはどんな子? TVや雑誌では
隠れている"素顔"を、直筆イラストとともにお届け!

Darenogare's **PERSONALITY**

PART.7
PRIVATE

ありのままの
素顔の私を大公開！

普段、メディアの前ではあまり見せない素顔の私に密着。
ママと幼少期の思い出を語ったり、自宅のお部屋を公開したり、
25歳のフツーの女の子に戻るプライベートタイムをご紹介します。
仲良しメンバーとの女子会やスタッフへの証言アンケートでは、
知られざる本性の暴露話も！

FAMILY TALK

Darenogare Akemi×Mom

ダレノガレ明美を誰よりも知るママとの対談。
幼少期のエピソードから母娘の関係まで熱いトークが！

甘えん坊の幼少期から
活発なスポーツ大好き少女へ

ママ 明美は4人兄弟の末っ子ということもあって、とても甘えん坊だった。いつも私から離れず、ベッタリくっついてくるような子。

明美 姪っ子のマリちゃんみたい（笑）。

ママ そう、マリとよく似てる。天真爛漫で活発で。自分の行きたいところへ自由に動き回りたいから、手をつなぐのを嫌がることも。明美が小4の時に、初孫が生まれて、明美よりも孫の面倒を見ることの方が多くなってしまった時は、ちょっとヤキモチを妬いているみたいだったけど。

明美 でも2人のお兄ちゃんが、よく一緒に外で遊んでくれたな。だからスポーツ好きなのかも。女友達とお人形遊びするよりも男友達とサッカーする方が楽しかった。

ママ とにかく身体を動かすのが好きな活発な子どもだった。ダンスも好きで、小6の運動会では、先生から振りつけを任されて、みんなに教えていたこともあったね。

明美 家族旅行でスキーにも行ったよね。年に2〜3回はみんなで旅行してたね。車で京都や広島まで行ったり。

ママ 大津のプリンスホテルに泊まった時、朝食ビュッフェのパンをすごく気に入って、お皿いっぱいに同じパンを山盛りにしていた明美が忘れられない（笑）。

明美 普通のパンなんだけど、なんかすごく美味しかったんだよね。ウエイターさんに聞いたら、持って帰ってもいいって言われて、1個ずつナプキンに包んで持って帰ったの。

ママ そうそう。車の中でもよく食べてた。ちょうどソフトボールをしていた中学時代だから、食べ盛りだったのね。

明美 あの頃は毎日、ソフトボール漬けの日々だった。休日は試合で遠征もしていたし。キャッチャーで4番だったからね。

ママ 中学と高校の6年間、お弁当作りが大変だったわ。でも、明美は手がかからない子だった。何でも自分で決めて、親の手を煩わせない自立した子だった。

明美 着る洋服だって、小1の頃には"このトップスには、このボトムを合わせたい"ってコーディネートしてたもんね。

ママ 高校になるとお稽古事の月謝や洋服代も、アルバイト代から払っていたし。ほんとにエライと思う。

明美 ママが誕生日プレゼントに、ブランドのお財布を買ってくれたのを覚えてるよ。10回払いで（笑）。私立高校に通っていたこともあって、みんながいいお財布を使っているのを知ったんだろうね。すごい嬉しかったよ。

子どもの頃からカメラ前でポーズ！
モデルはまさに天職

ママ 高校を卒業して、一人暮らしを始めるって時は寂しかったわ。話し相手がいなくなってしまうようで。明美とはよく恋愛話もして「あの人カッコよくない？」って聞くと、「趣味悪い！」「やめてくれる」っていつも怒られてた（笑）。

明美 お互い男性の好みが全然違うからね。

ママ そう。全然違う。明美としゃべると楽しいか

ら、そんな他愛のない話ができなくなるのかと思うと辛かった。

明美 今でも1日に4回くらい電話してくるよね。

ママ 元気かしらと思って、声だけでも聞きたくて。

明美 必ず月1回会ってるのに……。よく一緒に横浜でご飯を食べたり、化粧品を買いに行ったりしてるよね。

ママ 忙しい仕事の合間に、ありがとう。今の仕事をやるって決めてきた時は、びっくりしたけど、子どもの頃から写真に撮られるのが大好きだったから天職なのかなと。いつもカメラの前でポーズしてたからね。

明美 でも最初は、あまりほめてくれなかった気がする。それがだんだん"次は何やるの?""次はどの番組に出るの?"とか気にしてくれるようになって。

ママ 明美の性格にも合った仕事でよかった。よく頑張ってると思う。

ママはかけがえのない存在。
ママがいるから、今の私がいる

明美 ママと私、性格はほんと真逆だよね。

ママ 似てると思うけど……似てないかしら?

明美 似てない! 私はせっかちだけど、ママはのんびりしてる。似てるのはネコ好きなとこくらい。でも私にとって、ママはいなくてはいけない存在。辛いときも励まして、一緒にいてくれたのはママ。ママがいなかったら、今の私はいないわけで、かけがえのない存在。だからすご〜く仲がいいけれど、友達や姉妹のような関係ではなく、やっぱり親なんだって思う。感謝してるし、尊敬してます。

ママ ママにとっても明美は、大切な娘。いつか明美の孫の顔が見てみたい。きっと、いい奥さん、いい母になると思うよ。

明美 27歳くらいには結婚したいな〜❤

1. 1歳くらいの時。ママにベッタリの甘えん坊時代です。 **2.** おてんばだった3歳の頃。ママがお花をつんで、花冠を作ってくれました。 **3.** 保育園に通っていた4歳の頃。一番左が私です。一番右のアンドレアという女の子と仲良しでした。途中でスペインに引っ越してしまい、すごく悲しかったのを覚えています。 **4.** 7歳の頃、自宅の裏で撮影したもの。写真が大好きで、この頃からポーズをよくとってました。 **5.** 高校時代。毎朝、同じ電車に合わせて乗ってきたり、教室まで見に来る男子学生がいたくらい、高校時代は一番のモテ期❤ **6.** 21歳の時、パパと記念撮影。上から2番目のお兄ちゃんの結婚式の時の写真なので、おめかしています。

I LOVE Mari ❤

"可愛い〜!"とブログでも大反響だった5歳になる姪っ子のマリを紹介します!
キュートで、ちょっと生意気なマリに夢中です❤

元気いっぱいなところが、
小さい頃の私にそっくりなマリちゃん。
『アナと雪の女王』が大好きで、
ディズニーランドにもよく一緒に遊びに行っています。
「将来何になりたいの?」と聞くと
「明美になる!」と言ってくれます❤
私がママと電話していると、
横から「かわってかわって」と言って話したがり、
「テレビ見たよ」とか「今日の服、変! 髪の毛、変!」とか(笑)。
パパに怒られてもいつも冷静で、泣いたりしない強い子。
さんざん怒られた後「パパ、話が長い!」なんて言うことも。
大人顔負けです。

Darenogare's PERSONALITY

MY LOVELY CAT "COCO"

私の一日はCOCOにチューして始まり、チューして終わるっ！
愛してやまないCOCOのキュートな写真をみんなにもお裾分けします❤

\かくれんぼしよ～/

MY BABY ❤

ピタッ　　ピタッ　　ピタッ　　あっ……。

\だるまさんが転んだっ！/

I LOVE COCO

SO CUTE!!

私とCOCOが出会ったのは2013年6月。
たまたま入ったペットショップにCOCOがいたんだよね。
その日はとても迷ったんだけど、諦めて帰ったの……。
1か月後、時間が空いたのでもう一度ペットショップへ行ってみたら、
まだCOCOがいたの！
運命だと思って、その日に連れて帰りました。
COCOは私にとって家族でもあり、心友でもあり、天使でもある！
たまにケンカするけど、仲良しなんだ。
泣いているとずっとそばにいてくれる優しい子。
出会ってよかった♪
私のところに来てくれて本当にありがとう。
これからもよろしくね。大好きだよ❤

MY INTERIOR

わが家のテーマは"不思議の国のアリス"。
アンティークな小物とシック&ゴージャスな色がポイント。
お部屋ごとに雰囲気を変えつつ、大人可愛い空間を目指してます。

LIVING ROOM

ガーリーなエリアとシックなエリアで構成してます。イチバン長く過ごす場所だから、好きなものだけ飾ってモチベーションを上げます。

girly & chic

BED ROOM

大好きなバラとキャンドルを組み合わせて飾ったリラックス空間。シャンデリアや小物をモノトーンで統一して大人っぽい雰囲気に。

relax space

DRESSING ROOM

不思議の国のアリスを意識して、おもちゃ箱のような空間に。私が留守の間に妖精ちゃんがいたずらしてるんじゃないかって想像します。

DISPLAY

アンティークショップ風に、大人可愛いものを集めてコーナーを飾ってます。壁にはミラーや手作りアートを掛けてアクセントに。

Darenogare's PERSONALITY

MY BEST FRIENDS

親友と過ごす時間が元気の源！

忙しい時ほど会いたくなる大切なお友達。
2人が結婚してママになったり、取り巻く環境は変わっていくけど
可愛いベイビーも含めて家族みたいな存在です。

　モデルになる前から続いている大親友。私のすべてを知っています。今でも自宅でパーティをしたり、ご飯を食べに行ったり。イチバン自然体でいられる仲間だから、週に一度は会ってます。助けが必要な子がいれば絶対に駆けつけるし、私がそうなっても同じことをしてくれる。そんな固い絆で結ばれてます。この世界に入っていろんなコトがあるけど、笑顔でがんばれるのは彼女達のおかげ。本当に感謝してる、ありがとう。今度みんなで、旅行に行こうね！

私達だけが知るアケの素顔

出会ってから大きなケンカもないし、本当にバランスのいい5人組。
リラックスできる仲間だからこそ、お互いの素顔をよ〜く知っています。

「実は繊細でナイーブなんです」

アケが仕事で来られない時にみんなで集まると、「誘われてない」ってヤキモチ妬いたり、「嫌われた？」って一人で妄想して落ち込んだりして、とっても大変(笑)。サバサバしてそうだけど、実はものすごくナイーブなんです。そんなアケが大好き。だから私より先に結婚しちゃダメだよ(笑)。でも、アケが結婚する時は、私が友人代表で挨拶するからね。

〈ミカ〉

「本当に優しくていい奥さんタイプ」

落ち込んでるとさり気なく励ましてくれます。一緒に暮らしてた頃は、疲れて帰るとアケが肉じゃがを作って待っていてくれたり、お風呂を沸かしてくれたり……。本当にいい子だなぁって思うことがいっぱいありました。それから、言いにくいことでもズバッと言ってくれるから、心から信頼できるんです。いつも本当にありがとう！

〈リズ〉

「すっごく友達想いで世話好きだよ」

私達の誕生日には、必ず彼女の仕切りでサプライズパーティをしてくれます。それも、かなり手が込んでいて、毎回感動的。それから、旅行のスケジュールも組んでくれたり、みんなで鍋パーティをすれば、作るのも片付けるのもアケが全部やってくれるんです。いつも楽しませてくれてありがとう。これからも盛り上がっていこうね。

〈アオイ〉

「めちゃくちゃマジメでストイック」

「モデルになる！」って宣言した時も、痩せるためにすっごくがんばってたし、アケは口に出したことをちゃんとやり遂げるタイプなんです。あと、私が落ち込んで悩みを相談すると、忙しい時でも「カギ預けとくから家においで」って言ってくれる優しい面もあるんですよ。そんなアケがだ〜い好き♥ いつまでも、今のまま変わらずにいてね。

〈アリー&創ちゃん〉

女子会の場所はココでした！

「カフェ ル・ポミエ」
表参道ヒルズの向かい側にある、できたてのジュース&スムージー、ケーキ、サンドウィッチが美味しいカフェ。気持ちよく過ごせるテラス席も。

〒150-0001
東京都渋谷区神宮前5-8-2
日本看護協会ビル2階
☎03-6427-9193
http://www.cafe-lepommier.com/

LOVE♥

ENJOY!

HAPPY!

Liz ♡
Happy birthday

TOGETHER FOREVER

スタッフが証言！
ダレノガレ明美って「実は…」

知られざる本性を暴くべく、近しいスタッフにアンケート取材を決行！
素顔のダレノガレ明美はコレだ！

＼実は…／
考え事をしている時、口をとがらせて、上唇を鼻にくっつける癖がある。

＼実は…／
気遣いのできる女性。
海外旅行に行った際には、スタッフ全員にお土産を買ってきて、そのお土産にメッセージカードを添えて渡してくれるなど、心遣いがとても嬉しかったです。

＼実は…／
顔は洋風だけど、がんもどきが好きらしい。
3種類あったお弁当の中から1つを選んだ理由が「がんもどきが入っていたから」だった。

＼実は…／
裸眼が美しい。
初めてカラーコンタクトをしていない目を見た時、少しグリーンがかったビー玉みたいな瞳の美しさに見惚れてしまいました。

＼実は…／
ユニークなくしゃみをします。

＼実は…／
ニオイに敏感です。
車内で急に「お花の香りがする！」と言い出したので、探してみると後部座席に花束が置いてありました。誰も気づかなかったのに…。

＼実は…／
古風な女性。
特に恋愛では"男性を立てて、女性は一歩下がる""良妻賢母"などの言葉がぴったりです！

ヘアメイク
TOYOさん

＼実は…／
オロナミンCと
ジンジャーエール
LOVE♥

＼実は…／
カタカナが苦手。
自分の名前も
言いづらいらしい。

スタイリスト
上杉麻美さん

＼実は…／
TVの本番前は
緊張しっぱなし！
元気なイメージだけど、
生放送やファッションショーの本番前は緊張して大変！
いつも周りが落ち着かせてます(笑)。

＼実は…／
2つのことを同時にするのが
苦手らしい。
かなり盛り上がって会話をしていたのに、途中で携帯を見るなど、
他のことをすると何の話をしていたのか
キレイさっぱり忘れてる…。

スタイリストアシスタント
けぇ〜さん

＼実は…／
ポルトガル語が話せる！

＼実は…／
いつも傷だらけ！
愛猫COCOちゃんが好き過ぎて、
チューしまくるため、引っかき傷が絶えないらしい。
撮影前の着替えの時に、
いつも2、3本傷を発見します。

スタイリスト
ざこちゃん

＼実は…／
面倒くさがり屋！？
ロケ収録の際、
私物のボトムで収録していることが多々あります…。
面倒くさがり疑惑勃発です！！

＼実は…／
かなりのスマホ依存症。
充電器はいつも2個持ちが当たり前。

＼実は…／
スタバでは
ティーラテしか飲まない。
すべてにおいてこだわりが強く、好きなものが一貫している。
スタバではホットの
イングリッシュ ブレックファースト ティー ラテの
トールサイズと決めているらしい。

チーフマネージャー
中根和暁さん

＼実は…／
トイレ好き！
トイレの空間が好きすぎて、
一度入ると20分くらいは出てこない…。
これフツーです。

＼実は…／
ハマると
尋常じゃない！
番組スタッフに紹介された
水炊きのお店がすごく気に入って、
週3、4で通っている。

マネージャー
北川美帆さん

Q&A 100
ダレノガレ明美のすべて

あんなことから、こんなことまで、100の質問にお答え！
ダレノガレ明美のすべてがわかります。

Q1 好きな食べ物は？
A1 生ハム。
Q2 嫌いな食べ物は？
A2 生もの。特に生魚！
Q3 ニックネームは？
A3 ダレ◎。
Q4 好きな色は？
A4 赤、黒、黄。
Q5 特技は？
A5 料理、パン＆お菓子作り、水泳、ソフトボール。
Q6 チャームポイントは？
A6 **Smile★**
Q7 コンプレックスは？
A7 チビ…。
Q8 自分の顔や身体の中で、好きなパーツは？
A8 すべて。
Q9 自分の顔や身体の中で、嫌いなパーツは？
A9 すべて。
Q10 口癖は？
A10 **うける～♡**
Q11 自分の性格を一言で言うと？
A11 サバサバ。
Q12 自分を動物に例えると？
A12 ネコ。
Q13 弱点は？
A13 すぐ泣く。
Q14 ついついしている癖ある？
A14 髪の毛を触る。
Q15 最近のMYブームは？
A15 ゆば。特に**平ゆばLOVE♡**
Q16 携帯は何を使ってる？
A16 SoftBankのiPhone 5s。
Q17 好きな映画は？
A17 『恋空』、『ハイスクール・ミュージカル』。高校生のラブストーリーとか、"青春"という感じの映画が好き。
Q18 好きな音楽は？
A18 どんなジャンルも聴く！
Q19 思い出の曲は？
A19 AIの『Story』。すごく好きだった人と会っていた頃を思い出すのと、ダイエット期間中にずっとリピートしていた曲でもある。
Q20 休日は何してるの？
A20 ジムに行く。カフェに行く。自分磨きのための美容Dayにする。
Q21 朝起きて、イチバンにすることは？
A21 歯磨き。
Q22 家に帰って、イチバンにすることは？
A22 COCOに*chu*
Q23 睡眠時間は？
A23 3～16時間。仕事によってバラバラ。
Q24 夜寝る時の格好は？
A24 **ハダカor下着。**

Q25 湯船には何分くらい浸かってる？
A25 最高2時間。最低20分。
Q26 湯船に入ってる時は、何してる？
A26 携帯電話をいじっているか、雑誌を読む。
Q27 朝起きて昔の体重に戻っていたら？
A27 とりあえず誰にもバレないようにマスクして、ジムに行って元の体重に戻す。
Q28 ジンクスってある？
A28 **お金持ちの人にお財布をもらうと、お金が入ってくる！**
Q29 三日坊主にならないための秘訣は？
A29 気合い。
Q30 得意料理は？
A30 **和食＆韓国料理。**
肉じゃがは研究し尽くしていて、2日間かけて作るのが私流。韓国料理では純豆腐（スンドゥブ）。
Q31 得意なモノマネは？
A31 芦田愛菜◎。
Q32 占いは信じる方？
A32 たまに。気分でかな～♪
Q33 ストレス解消法は？
A33 ジムのプールで泳ぐ。
Q34 コンビニでよく買うものは？
A34 チョコ♡
Q35 毎日続けていることある？
A35 **COCOに*chu***
Q36 もし願いがひとつ叶うとしたら？
A36 **身長を12cm伸ばしたい！**
目線が変わるので、世界が変わりそう。
Q37 今まで試したダイエットは？
A37 た～くさん！
Q38 出没スポットは？
A38 表参道にあるヘアサロンのROI。
Q39 S or M、どっち？
A39 S。でも彼にはM♡
Q40 甘えたい派？ 甘えられたい派？
A40 どちらも！
Q41 最高、一週間で何キロ痩せた？
A41 **4キロ。でも5キロリバウンド(>_<)**
Q42 美容のために心がけていることは？
A42 どんな時も美意識を忘れない。
Q43 何色の下着が好き？
A43 落ち着くのは黒。勝負下着っていうのはないんだけど、**好きな人に会いに行く時は、1回着た下着は着ない！**
だから、すごく大量に下着は持ってる。
Q44 もらうと嬉しい差し入れは？
A44 チーズケーキ。バラ。
Q45 やる気スイッチはどこにある？
A45 心♡
Q46 これがないと生きていけない！ってものは？
A46 携帯電話。3度の食事よりも好き！ってくらい携帯をいじってます☆

Q47 眠れない夜、どうしてる?
A47 ん〜、ダンス!
Q48 最近見た夢は?
A48 忘れちゃった(^^;)
Q49 大人になったな、と思う時は?
A49 **大人数が苦手になった。**
Q50 まだまだ子どもだな、と思う時は?
A50 思ったことをすぐ口にしてしまう。
Q51 待つのと、待たすのどっちがイヤ?
A51 待たす方がイヤ。
最高9時間待ったことある! クラッ…。
Q52 何分までなら待てる?
A52 24時間! イヤッいつまでも♥ クラッ…。
Q53 お手本にしている女性は?
A53 梨花様。
Q54 子どもの頃、憧れていた有名人は?
A54 ハリーポッターのドラコ・マルフォイ。
Q55 今、イチバン会いたい人は?
A55 梨花様。
Q56 30歳までにやりたいことは?
A56 **自分のアパレルブランドを作る。**
Q57 世界の中心で何を叫ぶ?
A57 叫ばない…。
Q58 座右の銘は?
A58 座名の銘って何?
Q59 尊敬する芸能人は?
A59 **有吉弘行さん。**
毒があるけど、本当はあたたかくて優しい。愛ある毒は勉強にもなります。いつも番組などでご一緒できるかなと、気になる存在!
Q60 初恋はいつ?
A60 5歳!
Q61 初恋はどんな人だった?
A61 **口元にエロボクロがある子。**
エロい!って思って好きになった。
Q62 男性のどこにキュンとする?
A62 寝顔!
Q63 好きな人がいたら、自分から告白する派? 待つ派?
A63 ん〜、待つ派! でも、好き好きアピールをたくさんする♥
Q64 好きな男性のタイプは?
A64 **笑顔がステキな人。人見知りな人。**
Q65 嫌いな男性のタイプは?
A65 うるさい人。騒がしい人。過去のデータからいい経験がない。
Q66 男性の身体でどの部分が好き?
A66 **血管フェチ。** お尻から太もものラインフェチ。
キュッと締まったお尻のラインがたまらない♥
Q67 理想のデートは?
Q68 理想のデートは?
A68 家でまったりデート。料理を作って、一緒に食べる。
Q69 理想の男性のファッションは?
A69 デニムに白シャツとか、頑張りすぎないラフスタイル。スキニーはNG。短丈白パンはもっとNG!
Q70 忘れられない元カレっている?
A70 ん〜、いるかな? いないかな?
Q71 過去の恋愛で学んだことは?
A71 一度されたことは、絶対にもう一度される! だから許しちゃいけない。
Q72 何歳までに結婚したい?
A72 **27歳。** あと3年…。
Q73 子どもは何人欲しい?
A73 女の子1人。男の子1人。
Q74 理想のプロポーズは?
A74 サプライズorシンプルがいい! サプライズされると、結婚生活にそれ以上を求めてしまいそう。「ハードル上げるね」みたいな(笑)。シンプルだったら「もう結婚する?」みたいなフツ

一な感じで♥
Q75 理想の結婚式は?
A75 写真はハワイで撮影して、挙式は品川辺りで。
Q76 どんなウエディングドレスが着たい?
A76 真っ白いゴージャスなドレス♥
Q77 結婚しても仕事は続ける?
A77 ダーリンによるかな〜。
Q78 ケンカしたら先に謝る方? 謝らない方?
A78 内容による! 例えば、私が感情的になってケンカしてしまい、ふて寝した時は、次の日に「ごめんね」って謝る。だけど、明らかに相手が悪い時は謝らない。
Q79 恋人に求めることは?
A79 **子ども好き、両親思い。**
家族のことは、イチバンに考えてほしい。
Q80 タイプじゃない人に告白されたら?
A80 はっきり「無理」って言う(笑)。ごまかしたら「まだいけるかも!?」と思わせちゃうし。
Q81 異性との友情ってあると思う?
A81 ん〜、私はないと思うよ。
Q82 今までにイチバン恥ずかしかったことは?
A82 レストランでイスを浮かせて遊んでいたら、そのまま後ろにひっくり返った(汗)。
Q83 今までにイチバン怖かったことは?
A83 **マカオでスパイに間違えられた!!**
TVの収録でマカオに行った時、黒い服を着てカジがあるホテルをウロウロしていたら、「スパイ! スパイ!」って騒がれた!
Q84 最近、イチバン泣いたことは?
A84 妄想して泣いた。
Q85 最近、イラッとしたことは?
A85 COCOが威嚇してくる!
Q86 挑戦してみたいヘアスタイルは?
A86 ショートカット。
Q87 今思うと、痛い〜、っていうファッションは?
A87 ん〜、ない!
Q88 この仕事をしていてよかった! と思った瞬間は?
A88 ファンレターで「ありがとう」とか、感謝の言葉をもらった時。
Q89 お母さんの手料理でイチバン好きなメニューは?
A89 にんじんケーキ。ラザニア。
Q90 今まで買ったものの中でイチバン高価なものは?
A90 **パパへのプレゼントで買ったスポーツカー!**
Q91 イチバンお気に入りの靴は?
A91 黒いヴィトンのパンプス。
Q92 イチバンお気に入りのバッグは?
A92 ファーストシャネルのバッグ。3年くらい愛用してる。
Q93 可愛いと思う女の子はどんな子?
A93 見た目より人への気配りができる子。
Q94 集めているものは?
A94 **化粧品。中でも香水!**
イチバンのお気に入りはシャネルの"チャンス"。
Q95 好きな街は?
A95 ワイキキ♥ ハワイ大好き!
Q96 好きな花は?
A96 白いバラ♥
Q97 老後はどんなふうに過ごしたい?
A97 **ダーリンと手をつないで、毎日お散歩したい。**
Q98 人として大切だと思うことは? 3つ教えて。
A98 1.気配り 2.優しさ 3.厳しさ
Q99 最後の晩餐。何食べる?
A99 おせんべい!
Q100 ずばり、今、彼氏はいる?
A100 内緒♥

Darenogare's
MESSAGE

自分の性格のこと、仕事のこと、これからの目標、
ファンの人へのメッセージ……。
本編では伝え切れなかった私の思いを語ってみたよ。
私の思いがみんなの心に届きますように❤

私が"毒舌キャラ"になったワケ
それは……

　私の性格は結構サバサバ系。言いたいことをバンバン言っちゃう毒舌キャラでもあるけれど、実は、小さい頃はかなりの人見知り。家族以外の誰とも喋らず、内に溜め込むタイプでした。
　そんな私が変わった、そのワケは──。
　小学生の時、お姉ちゃんに子どもが生まれて生活が激変（大袈裟!?）。毎年欠かさず、家族で誕生日パーティをしてもらっていたのに、「生まれたばかりの赤ちゃんがいるところでガヤガヤするのはちょっと」ってことでパーティが取りやめになったり、赤ちゃんが急に熱を出してママが私の運動会に来られなくなったり……。
　そんなこんなが重なって寂しかったんだと思う。私は4人兄弟の末っ子。ママを独り占めしていたようなところがあったのに、赤ちゃんにママを取られた気にもなったのかなぁと、今は思えるけどね。とにかく私のストレスはハンパなく、円形脱毛症になってしまったほど。

　子どもなりに、それはもうかなり悩んで苦しみました。でも、ハタと気づいたの。「これは私の甘えなんだ」ってね。
　甘えていじけてストレスを抱えて……。そうやってこれ以上、自分にストレスを与えたら髪の毛が全部なくなっちゃう。そんなのイヤだ……！　そうならないためには、考え方を変えなきゃ、って。
　そう気づいたら一気に吹っ切れて、性格もサバサバ系になっちゃった。何かを抱え込むとハゲる、言いたいことを言わずに過ごすとハゲる……。私の中では「ストレス＝ハゲる」の恐怖が、私の性格を変えてくれたというところかなぁ（笑）？

我慢しない、言いたいことは言う
これが私の哲学

　円形脱毛症になった教訓は、今でも私の中に生きています！　あまり我慢しないで、言いたいことは言うし、無理もしない。
　友達に対しても「この点を直して欲しい」とか、思ったことを正直に口にします。「私は○○ちゃんのことが大好きだ

よ。だから直して欲しいと思うの。嫌いだから言ったわけじゃないよ」なんてフォローはするけれど。

　もちろん、「もう無理！」って思う子とは付き合わない。よく、合わないと思いながらも無理して上辺だけで付き合ってる人がいるけれど、私は絶対にそういうことはしない。だって、合わない友達といるのって、疲れるよね。ストレスだよね。だから、私は友達にも常々言うようにしているの。「私と合わなくなったらシャットアウトしていいからね」って。

「私もダレちゃんみたいに言えるようになりたい」、「どうすれば言えるようになるのか」とか、ファンの女の子から相談されることがよくあります。大勢の人が、恋愛とか友達関係で、言いたいことが言えずに悩んでいるみたい。

　悩む気持ちもわからなくはないけど。自分の考えを言うことで、嫌われちゃうんじゃないか、仲間外れにされちゃうんじゃないかって、多分、怖いんだよね。でも、自分の考えを言うことで嫌われるなら、それはもう仕方ないし、合わない子と一緒にいるくらいなら、仲間外れにされたほうがいいと思うけど……。

　やっぱり、自分の意見や考えはちゃんと言えるようにならなきゃよくないと思う。自分の中に溜め込まないのがイチバン！　だから自分らしさを持って、ちょっとずつでもいいから、自分を出していって欲しいなって思います。

　ちなみに、この本も、私はそういうスタンスで臨みました！
「私はこんなページにしたくなかったのに」なんて、あとから後悔してストレスを感じたくなかった。だから、細かいところにまで意見を言ったし、譲れないところは譲らず、時には編集さんとぶつかり合いもしたけれど、その分、仕上がりには大満足してます！
「気合入ってます。とことんこだわって作りましたぜ」的な私の本、みなさんのご感想はいかがでしょう!?

「見返してやる！」の思いが今につながっている

　私がこの世界に入ったのは21歳の時。

大好きだった人にふられたのがきっかけです。今にして思えば、かなりウブだったけど(笑)、ホントに苦しくて、悲しくて、自殺する人の気持ちがわかるくらいの大失恋。で、ありがちだけど(笑)、「キレイになって見返してやる！」とダイエットを始め、ちょっとキレイになったかなと思えた時、芸能界を目指してみようかと。

自分で事務所を調べて写真を送り、わりとトントン拍子にモデルデビューが決まったけれど、現実はそんなに甘くはなかった……。

想像とかけ離れ過ぎていた モデルとしての生活を乗り越えて

モデルの仕事はド素人。にもかかわらず、いきなりの海外ロケで、スタッフさんからいちいちトゲのある言葉を投げつけられて、ひとり隠れて泣きました……。まぁ、この経験もまた私の原動力になったんだけど。「いつかこの人たちをギャフンと言わせてやるっ！！」ってね。

駆け出しの頃、イチバン厳しかったのは生活。ひとり暮らしをしながら歯科助手の仕事をしていたんだけど、モデルになってからは、お金がなくて実家にリターン。『JJ』のモデルといっても、出番はほんのわずかで自分のページはもらえない。当然、お金は稼げない……。というわけで、夜の11時から朝の6時までカラオケ屋さんでアルバイトしてました。

この頃が、私にとってはイチバンきつい時期だった。生活が想像とかけ離れ過ぎていたんだよね。私が思っていたモデルさんというのは、可愛く着飾って、素敵な部屋に住んで、美味しいものを食べて、みたいな。それに引き換え私は……。「なんで私、こんなことしなきゃいけないの!?」ってバイトの日々を恨めしく思ってた。モデルさんの中には、スカウトされて遊び感覚でなんとなくやってる、という人もいるけれど、そういう人たちと私の価値観はかけ離れているんだろうなぁって感じるんだよね。

そんな私の転機は、『サンデージャポン』や『踊る！さんま御殿!!』などテレビのバラエティ番組に出たこと。このあたりから人生の流れが確実に変わってきた

ような気がする。
　とはいえ、テレビに出始めの頃は、実はまだバイトしていて、顔バレしちゃうので、これがまたストレス。「昨日テレビ出てなかった!?」みたいな(笑)。
　5、6ヶ月は夜中のバイトを続けていたんだけど、それでも、私の場合、"下積み"は短いほうだと思う。もちろん、今は本業だけで生活しています(笑)！

**女の子にはもっと
可愛くなって欲しいから**

　モデルの仕事もタレントの仕事も、どちらも私にとってはとても大切なもの。両方とも本当に楽しくてやりがいを感じてる。もちろん、これから先も続けていくつもりだけど、実は、私にはもうひとつ、やりたいことがあるの。
　それは、アパレルのプロデュース。可愛い洋服やアクセサリーを作って、みんなに発信していきたいと思っているの。普通、プロデューサーは店頭に立たないけど、私が実際に店頭に立って、みんなにアドバイスしてあげられるようなブランドを作ることができればいいな、って。
　街を歩いていると、「あの子、もうちょっとこうすれば可愛くなるのに」、「この子、ホントはこういう服が似合いそうなのに、ちょっと違う感じの着てる。惜しい！」って思う子がいっぱいいるの。そういう人たちに何かしらのヒントがあげられたら……。だから、ちゃんとプロデュースして、自分自身がアドバイスをしてあげる。これが私の目標なんです。

" 女の子たちには、もっともっと可愛くなって欲しい。私に、その手助けができたらいいな。"

　この本にも、そんな思いを込めました。男性は外見がどうであれ、仕事ができればモテるけど、女の人は見た目も大事。キレイであればあるほど有利だと思う。だから、みんなにはソンしないで欲しいの。女の子にとって、ファッションもメイクもダイエットも自分をキレイに見せるツール。めいっぱい利用しなきゃ。キレイになれば人生変わる。そう信じて！

STAFF LIST

PHOTOGRAPHER
橋本憲和(f-me)
田辺エリ(p112-113)

STYLING
ダレノガレ明美
座光寺美紀(f-me)
平野 慧
上杉麻美

HAIR & MAKE-UP
豊田 円(ADDICT_CASE)
岩本惇源(p56-59)

MANAGEMENT
中根和暁(LIBERA)
北川美帆(LIBERA)

ART DIRECTION
汐月陽一郎(chocolate.)

DESIGNER
保高千晶、青柳亜弥子、平山義浩(chocolate.)

EDITOR & WRITER
高波麻奈美、幸野紘子、大光亜実、酒井明子、佐藤美由紀
伊藤康江、岩越千帆、石原輝美、印田友紀(smile)
山田都喜子(宝島社)

TRANSLATION
東内優輝

DTP
茂呂田 剛(M&K)

CREDIT

衣装協力

adidas
EDDY GRACE
Lilidia
MIIA
rienda
ROYAL PARTY
SPIRALGIRL

※P6〜P16、70〜74衣装／スタイリスト私物

撮影協力

川崎フードモデル（脂肪サンプル）

SHOPS LIST

RMK Division ☎0120-988-271
アンファー ☎0120-722-002
イヴ・サンローラン・ボーテ コンシューマー コミュニケーションセンター ☎03-6911-8563
イソップ・ジャパン ☎03-6427-2137
井田ラボラトリーズ ☎0120-44-1184
MTG ☎0120-467-222
オンワード樫山 お客様相談室 ☎0120-586-300
カネボウ化粧品 ☎0120-518-520
Caricaspa ☎03-5413-3090
Qoo表参道店 ☎03-6804-2201
CLARINS ☎03-3470-8545
クリニーク ラボラトリーズ お客様相談室 ☎03-5251-3541
グローバル プロダクト プランニング ☎03-3770-6170
ゲランお客様窓口 ☎0120-140-677
コンフォートジャパン ☎0120-39-5410
SABON Japan ☎0120-380-688
パルファン・クリスチャン・ディオール ☎03-3239-0618
パンピューリ ジャパン ☎03-6380-1374
frescaサポートセンター ☎0120-771-909
HEDSTAR SHIBUYA109店 ☎03-3477-5178
M・A・C（メイクアップ アート コスメティックス） ☎03-5251-3541
ユニリーバお客様相談室（ヘアケア） ☎0120-500-513
ROI ☎03-6434-1168
ロジェ・ガレ ☎0120-405-000

※本書に記載している情報は2015年5月時点のものです。掲載商品の価格は消費税抜きで表示しています。

EPILOGUE

DEAR♡みなさん え

最後までダレ○本を読んでくださり
ありがとうございます。

1人でも多くの女の子がステキな人生を送れると
良いです。

諦める前に自分のできることをして、頑張って
ほしいな。

人生は自分で変えられる。
私も変わった人の1人だから言える。
みんなでSmile☺の多い人生を送りましょう。
読んでくれてありがとう。
そして…頑張っていきましょう。私も頑張ります♡

HAPPY Smile☺   ダイガシ 明美 え

*start feeling great by creating better you
and share your smile &happiness together!*

【PROFILE】
ダレノガレ明美（だれのがれ・あけみ）
1990年7月16日生まれ。
出身地：ブラジル。
父が日本人とブラジル人のハーフ、母がイタリア人。2012年にモデルとしてデビュー。多くの雑誌やファッションショーに出演。デビュー直後から歯に衣着せぬキャラクターが人気となり、TVのバラエティ番組にも数多く出演。2013年には、ニホンモニターのブレイクタレントランキングにてモデルの中で1位となる。Twitterフォロワー数は70万人を超え、現在、モデル・タレントとして各方面から注目を浴びる。

I'll give you my all

2015年6月29日　第1刷発行
2015年8月7日　第3刷発行

著者　ダレノガレ明美
発行人　蓮見清一
発行所　株式会社宝島社
　　　　〒102-8388
　　　　東京都千代田区一番町25番地
　　　　営業☎03-3234-4621
　　　　編集☎03-3239-0069
　　　　http://tkj.jp
　　　　振替　00170-1-70829（株）宝島社
印刷・製本　図書印刷株式会社

©Akemi Darenogare 2015
©TAKARAJIMASHA 2015

Printed in Japan
ISBN978-4-8002-3946-4

※乱丁、落丁本はお取り替えいたします。
※本書の内容を無断で複写・複製・転載・データ配信することを禁じます。